수학 질문 상자

왜일까? 그것을 알고 싶다

디아스포라(DIASPORA)는 독자 여러분의 책에 관한 아이디어와 원고 투고를 기다리고 있습니다. 디아스포라는 전파과학사의 임프린트로 종교(기독교), 경제·경영서, 일반 문학 등 다양한 장르의 국내 저자와 해외 번역서를 준비하고 있습니다. 출간을 고민하고 계신 분들은 이메일 chonpa2@hanmail.net로 간단한 개요와 취지, 연락처 등을 적어 보내주세요.

수학 질문 상자

초판 1쇄 발행 1991년 06월 30일
개정 1쇄 발행 2025년 05월 27일

지은이 야노 겐타로
옮긴이 전재복
발행인 손동민
디자인 오주희

펴낸곳 전파과학사
출판등록 1956년 7월 23일 제 10-89호
주　소 서울시 서대문구 증가로18, 204호
전　화 02-333-8877(8855)
팩　스 02-334-8092
이메일 chonpa2@hanmail.net
공식 블로그 http://blog.naver.com/siencia

ISBN　979-11-94832-00-3 (03410)

- 이 책은 저작권법에 따라 보호받는 저작물이므로 무단전재와 무단복제를 금지하며, 이 책 내용의 전부 또는 일부를 이용하려면 반드시 저작권자와 전파과학사의 서면동의를 받아야 합니다.
- 파본은 구입처에서 교환해 드립니다.

수학 질문 상자

왜일까? 그것을 알고 싶다

야노 겐타로 지음 | 전재복 옮김

전파과학사

머리말

이 책은 고단사의 블루백스(Blue Backs) 편집부가 모은 수학에 관한 질문을 블루백스 편집부와 저자가 상의하여 정리하고 거기에 저자가 답을 제시하여 완성한 것이다.

질문은 수학의 여러 방면에 걸쳐 있으나 우리는 그것을 다음과 같이 분류해 보았다.

1. 수의 신비
2. '계산'은 왜 그럴까
3. 기하학의 여기가 알고 싶다
4. 패러독스와 게임
5. 앞선 질문

저자는 이들 질문에 대하여, 가급적 예비지식을 필요로 하지 않는 답을 제시하고자 노력해 보았지만, 이들 질문 가운데는

'원주율 π의 값은 어떻게 해서 구하는 것일까'와 같이, 답하기에는 상

당한 예비지식을 필요로 하는 것도 있다. 이러한 질문에 대해서는 예비지식을 설명한다기보다는 오히려, 예비지식을 인정하고 내용을 알기 쉽도록 하기 위하여 노력해 보았다. 또, 질문 가운데는

'반지름 r인 원의 면적이 πr^2인 이유를 설명하여라'

'반지름 r인 구면의 겉넓이가 $4\pi r^2$으로 주어지는 이유를 설명하여라'

'반지름 r인 구면의 부피가 $\frac{4}{3}\pi r^2$인 이유를 설명하여라'

와 같이 거의가 직관적인 설명, 조금 수학을 사용하는 설명, 본질적으로 수학을 사용하는 설명 등, 여러 가지의 사용법을 생각해야 하는 것들도 있다. 이러한 경우에는 저자가 알고 있는 만큼의 여러 가지 설명법을 소개해 두었다. 또, 질문 가운데는

'임의로 주어진 각을 자와 컴퍼스를 사용하여 3등분하는 것은 왜 불가능할까'

'5차원 이상의 방정식에는 근의 공식이 존재하지 않는다는 것은 알고 있으나, 그것은 왜일까'

'마르코프 과정이란 도대체 무엇일까' 등과 같이, 질문에 답하기 위해서 상당한 정도 이상의 수학적 지식을 필요로 하는 것도 있다. 이러한 경우에는 수학 그 자체의 내용을 설명하기보다는 오히려 이야기의 줄거리를 얘기하는 식으로 하였다. 또 질문 가운데,

'물리학에서 이야기하는 4차원의 세계란 어떤 세계일까'

'상대성 이론에서 사용되는 리만 기하학이란 어떤 기하학일까' 등과 같이 이론 그 자체를 묻는 것도 있다. 이런 경우에는 저자의 힘이 미치는

데까지 거기에 대한 이미지를 보여주기 위해 시도해 보았다.

그렇지만 저자는 일반적인 질문 전체에 답할 수는 없다. 예를 들면,

'π는 무리수이지만, 그것은 어떻게 증명하는가'

'가우스는 어떻게 해서 자와 컴퍼스로 정17각형을 작도할 수 있었는가' 등의 질문에 대해서는 이 작은 책자에 실을 수 있을 정도로 짧게 설명할 수 없다. 이것에 대해서는 전문적인 서적을 참고하길 바란다. 수학을 공부하고 그것을 보다 잘 이해하기 위한 가장 좋은 방법은 자꾸 질문을 하는 것이다. 이 작은 책자가 독자의 질문에 옳은 답을 제시하여 모쪼록 독자들이 수학을 더욱 재미있게 공부할 수 있기를 진심으로 바란다. 이 책을 펴내기에 있어서, 저자는 대단히 많은 책들을 참조하였다. 여기에 일일이 책 이름을 소개할 수는 없지만, 이들 책들의 저자들께 감사드리고 싶다. 또 이 책 속에 나오는 인명의 읽기는 「이와나미 수학사전(岩波數學辭典)」에 따랐다 또한 이 책이 완성되는 데에 처음부터 끝까지 편집부의 고미야(小宮治) 씨의 헌신적인 협조가 있었으며 그런 뜻에서 여기에 저자의 마음으로부터 감사의 뜻을 밝혀 둔다.

1979년 12월
야노 겐타로

옮긴이의 글

　얼마 전 세계 수학 올림피아드에서 우리나라가 50여 개 국가 중에서 30 몇 위를 하였다는 충격적인 소식을 듣고 과연 놀랄만한 일이었으나 실상 우리의 현실을 돌아보면 쉽게 이해가 가는 결과라고 생각한다. 그렇다고 교과 수준이 낮아서 그럴까? 사실은 그와 정반대이다. 중·고교 수학 교과의 학습 내용 수준은 세계적으로 높다. 그러면 과연 무엇이 문제인가. 거기에는 한두 가지 꼬집어서는 해결될 수 없는 복잡한 얘기들이 얽혀있으나, 중요한 것은 우리 모두가 수학이라는 용어 자체의 혼동에서 비롯된다고 말하여도 지나치지 않다. 수학은 모름지기 기호 학문으로서 공식에 끼워 넣어 성급하게 답을 내는 그런 식의 학습 태도는 하루 빨리 버려야 한다. 지금도 우리의 후세들은 학교에서나 학원에서 그런 식의 교육을 받아 오고 있는 것은 엄연한 사실이다.
　이런 차제에 간단한 용어 하나라도 그의 기원이나 이 세상에 나오게 된 동기들을 꼬치꼬치 캐물어가는 학습법을 갖추어 나가는 것은 어떨까. 이러한 취지에서 본 소책자의 내용은 우리들에게 시사하는 바가 크며 우리도 하루 빨리 모든 국민이 사고의 합리화와 과학화를 이루는 데 본 소책자가 일익을 담당할 수 있었으면 하는 마음이 간절하다.

차례

머리말 5
옮긴이의 글 8

제1장 수의 신비

0은 언제, 어디서, 어떻게 발전 되었는가? | 17
0은 짝수일까, 홀수일까? | 19
음수는 어떻게 발견된 것일까? | 20
유리수와 무리수는 어느 쪽이 많을까? | 22
왜 십진법이 널리 사용되고 있는 것일까? | 28
우리나라에서 수를 세는 방법은 4자리마다 새로운 단위의
이름을 붙이고 있는데, 조보다 더 큰 단위명을 가르쳐 주세요 | 29
소수(素數)는 무한히 많을까? | 31
소수를 구하는 일반적인 방법이 있을까? | 31
1은 왜 소수에 넣지 않을까? | 33
왜 허수 i를 생각하게 되었나? | 34
복소수는 어떻게 도움이 되나? | 36
$3^2 + 4^2 = 5^2$, $5^2 + 12^2 = 13^2$과 같이 되는 수는 그 이외에 또 있을까? | 38
3각수, 4각수란 어떤 수인가? | 40

제2장 '계산'은 왜 그럴까

수학에서는 여러 가지 기호를 쓰고 있는데,
그 이유에 대하여 가르쳐 주세요 | 47
미지수를 나타내는 데, 왜 x, y, z 등의 문자가 쓰이고 있는가? | 50

sin, cos, tan의 어원은 무엇일까? | 51

분수의 나눗셈을 할 때, 왜 $\frac{b}{a} \times \frac{d}{c} = \frac{b}{a} \div \frac{c}{d}$와 같이 계산할까? | 53

음수끼리 곱하면 왜 양수가 될까? | 56

부등식에서 양변에 음수를 곱하면 왜 부등식의 부호가 바뀔까? | 59

왜 0.9999…… = 1일까? | 60

6 × 0 = 0은 좋으나, 왜 6 ÷ 0과 같이 0으로 나누어서는 안 될까? | 62

왜 a^0 = 1일까? | 63

분수를 소수로 고치면, 반드시 유한소수 아니면,
순환소수가 되는 이유는? | 65

순환소수를 분수로 고치는 법은? | 67

왜 1 + 1 = 2, 2 + 1 = 3일까, 1 + 1 = 2, 2 + 1 = 0과 같은
수학은 만들 수 없을까? | 69

원주율 π의 값은 어떻게 구하는 것일까? | 72

tan90°는 왜 무한대일까? | 79

e는 어떻게 구할까? | 80

$e = \lim_{n \to \infty}(1 + \frac{1}{n})^n$을 밑으로 하는 로그를 왜 자연 로그라고 할까? | 81

컴퓨터에서는 왜 2진법이 사용되고 있을까? | 84

제3장 기하학의 여기가 알고 싶다

1회전을 360°로 하고 1°를 60'로 나누고,
1'를 60"로 나누는 이유를 가르쳐 주세요 | 89

3각형의 내각의 합은 왜 180°일까? | 90

주어진 원과 같은 넓이를 갖는 사각형은 만들 수 없을까? | 93

임의의 각을 자와 컴퍼스를 써서 3등분하는 것은 왜 불가능할까? | 94

피타고라스의 정리의 증명 방법은 여러 가지가 있다는데
그것을 가르쳐 주세요 | 99

반지름 r인 원의 넓이가 πr^2인 이유를 설명해 주세요 | 110

반지름 r인 구면의 겉넓이가 $4\pi r^3$인 이유를 설명해 주세요 | 115

각뿔과 원뿔의 부피는 밑넓이를 s, 높이를 h라고 하면,
$\frac{1}{3}s \cdot h$인 이유를 가르쳐 주세요 | 120

반지름 r인 구면의 부피가 $\frac{4}{3}\pi r^3$인 이유를 설명해 주세요 | 130

정다면체에는 정사면체, 정육면체, 정팔면체, 정십이면체 그리고
정이십면체의 다섯 종류밖에 없다는데, 그것은 왜 그런가? | 138

황금분할(黃金分割)은 어떻게 발견되었는가? | 143

비유클리드 기하학은 어떤 경위를 거쳐 태어난 것일까? | 151

뫼비우스의 띠와 클라인의 항아리는 무엇 때문에 고안된 것일까? | 159

넓이를 구하는 어려운 문제 | 161

각도를 구하는 어려운 문제 | 166

제4장 패러독스와 게임

한붓그리기가 될까 안 될까를 구분하는 법을 가르쳐 주세요 | 175

크기가 전부 다른 정사각형을 조합하여
한 개의 정사각형을 만들 수 있을까? | 178

방진은 어떻게 만들면 좋을까? | 180

아킬레스와 거북이의 문제에서 왜 아킬레스는
거북이를 추월할 수 없을까? | 185

무한대란 어떤 사고(思考)일까? | 188

1 = 2라는 증명, 어디가 이상한 걸까요? | 189

모든 수는 영과 같다? | 192

모든 삼각형은 이등변삼각형이다? | 194

아버지의 유산 나누기 | 197

제5장 앞선 질문

5차 이상의 방정식에는 근의 공식이 존재하지 않는다는
사실이 밝혀져 있다는데 그 이유는? | 205

미분방정식에는 왜 일반해와 특이해가 있는 것일까? | 211

아름답고도 마술적인 오일러의 공식 $e^{ix}\cos x + i\sin x$는
어떻게 해서 태어난 것일까? | 214

마르코프 과정이란 어떤 것일까? | 215

1차원, 2차원, 3차원 등 수학에서 말하는 차원이란 어떤 의미를 갖고 있는
것일까? 또, 물리학에서 말하는 4차원의 세계란 어떤 세계일까? | 220

상대성 이론에서 사용되는 리만 기하학이란 어떤 기하학인가? | 223

제1장

수의 신비

질문

0은 언제, 어디서, 어떻게 발견되었는가?

회답

옛날 기수법은 자릿수 정하기의 원리를 갖지 못하였다. 예를 들면, 이집트의 기수법에는 1, 10, 100을 각각

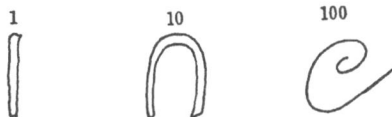

으로 표시하여 예를 들면, 23을

로 썼었다.

또, 바빌로니아의 기수법에는 1, 10, 100을 각각 다음과 같은 그림으로 나타내었다.

또, 그리스의 기수법에는 1, 5, 10을 각각,

1   5   10
I Γ Δ

로 나타내어, 예를 들면 27을

$\Delta\Delta\Gamma$

바빌로니아의 기수법

로 썼었다.

더욱이, 로마의 기수법에는, 1, 5, 10을 각각

1 5 10

I V X

으로 나타내고 예를 들면 27을

XXVII

로 썼었다.

위와 같이, 10진법은 꽤 오랜 옛날부터 사용되어 왔으나, 그 가운데에는 자릿수 정하기의 원리를 알아내기란 불가능하다. 즉, 거기에 0을 나타내는 기호는 없었던 것이다.

바빌로니아 사람들은 10진법 이외에 60진법을 사용했지만, 그 60진법 가운데는 자릿수 정하기의 원리가 나타나고 있다. 그들이 남긴 기록 가운데에 제곱 표시가 있지만

$1^2 = 1, 2^2 = 4, 3^2 = 9, 4^2 = 16, 5^2 = 25, 6^2 = 36, 7^2 = 49$

이고 그 다음을 그들은

$8^2 = 1, 4, 9^2 = 1, 21, 10^2 = 1, 40, 11^2 = 2, 1$이라고 하였다.

이것으로부터 여기에서의 1은 60 × 1 = 60을, 2는 60 × 2 = 120을 나타낸다는 것을 알 수 있다. 따라서 여기서는 자릿수 정하기의 원칙이 있다고 말하지 않을 수 없다. 바빌로니아 사람들은 기원전 200년경 기록 가운데, 숫자가 빠진 곳을 메우기 위하여 0의 기호를 쓰고 있지만, 계산에는 그것을 쓰지 않았다. 0의 기호와 자릿수 정하기의 원칙은 인도 사람들에 의해 발견되었다고 전해지고 있지만, 기원전 2세기경 인도의 기록에는 아직 0의 기호로 자릿수 정하기의 원칙도 발견되지 않는다.

인도 기호에서 0은 최초에는 점(•)으로 나타내었다. 이것은 숫자의 빈 자리를 대신한 것이었다.

우리가 오늘날 쓰고 있는 0의 기록은 876년에 인도에서 처음으로 발견되었다. 이렇게 하여 인도에서 고안된 0의 기호와 자릿수 정하기의 원칙은 아라비아 사람들의 손에 의해 유럽으로 전해졌기 때문에 유럽에서는 이것을 아라비아 사람의 발명이라고 생각하고 있다.

> **질문**
>
> 0은 짝수일까, 홀수일까?

회답

0은 짝수이다. 보통

……, -4, -2, 0, 2, 4, 6, 8, 10, 12, ……

를 짝수,

……, -3, -1, 1, 3, 5, 7, 9, ……

를 홀수라 부른다.

질문

음수는 어떻게 발견된 것일까?

회답

이집트, 바빌로니아 그리고 그리스의 수학 어디에도 음수에 대한 생각은 없었다. 음수를 처음 생각한 것은 인도 사람들이었을 것이라고 말하고 있다. 오늘날 인도 사람들은 재산을 양수로, 빚을 음수로 나타내고 있다.

또, 인도의 수학자 바스카라(1114~1185)는 다음과 같이 말하고 있다.

'양수의 제곱도 음수의 제곱도 양수이다. 따라서 양수의 제곱근은 두 개이고 그 하나는 양수, 다른 하나는 음수이다.'

바스카라는 또, 2차방정식은 두 개의 근을 갖는다는 사실을 잘 알고 있었던 것처럼 생각된다. 2차방정식

$x^2 - 2x - 15 = 0$

을 예로 들어 그의 사고를 설명해 보자.

우선, 주어진 식으로부터

$x^2 - 2x = 15$

양변에 1을 더하여

$x^2 - 2x + 1 = 16$

$(x-1)^2 = 16$

그런데, 16의 제곱근은 두 개이고 하나는 4, 다른 하나는 -4이므로

$x - 1 = 4$ 또는 $x - 1 = -4$

따라서,

$x = 5$ 또는 $x = -3$

여기까지 와서 그는, 그러나 -3이라는 답은 사람들이 인정하지 않을 것이므로 $x = 5$만을 답으로 한다고 말하고 있다.

음수의 생각은 다른 수학과 함께 인도에서 유럽으로 전해졌다. 그러나 유럽에서는 음수의 생각이 좀처럼 사람들 사이에서 퍼지지 못했다.

음수의 생각이 당연한 것이라고 사람들에게 받아들여진 것은 데카르트(1596~1650)가 다음과 같이 음수를 직선 위에 눈금으로 새겨 보고나서이다.

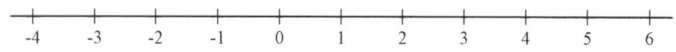

> 질문

유리수와 무리수는 어느 쪽이 많을까?

> 회답

이 질문에 답하기 위해서는 우선 가부번(可付番)집합이라는 말을 먼저 설명하는 것이 좋다고 생각한다.

무한집합 가운데, 우리들에게 가장 익숙한 것은 물론

1, 2, 3, 4, 5, 6, ……

이라는 자연수의 집합일 것이다.

거기에서 우선, 이 자연수의 집합과 1대1 대응이 있는 무한집합을 생각해 보자. 자연수의 집합과 1대1 대응이 있는 무한집합이란 것은, 실은 그의 원소 모두에 제1번째, 제2번째, 제3번째, …… 처럼 번호를 매길 수 있는 무한집합이다.

따라서 이러한 집합에 대해서는, 제1번째 원소를 a_1, 제2번째 원소를 a_2, 제3번째 원소 a_3, …… 라고 하면 그 원소를

$a_1, a_2, a_3, ……$

처럼 번호순으로 열거할 수가 있다.

이런 의미에서, 자연수의 집합과 1대1 대응을 시킬 수 있는 집합을 가부번집합이라고 부른다. 그렇게 하면, 다음의 정리를 순서대로 증명할 수가 있다.

정리 1 어떤 무한집합도 한 개의 가부번집합을 포함한다.

왜냐하면 우선, 이 무한집합에서 한 원소를 빼내어 그것을 a_1이라 한다. 그렇게 하면 원래 집합은 무한집합이기 때문에 a_1을 뺀 나머지는 아직 무한히 많은 원소를 갖고 있다. 따라서, 이 나머지에서 또 한 원소를 빼내어 그것을 a_2라 한다. 그렇게 하면, 원래의 집합은 무한집합이므로 a_1, a_2를 뺀 나머지는 아직 무한히 많은 원소를 갖고 있다. 거기에서 나머지로부터 또 하나의 원소를 빼내어 그것을 a_3라 한다.

최초의 집합은 무한집합이므로 이 조작은 끝없이 계속할 수가 있다. 따라서, 최초의 무한집합에서

$a_1, a_2, a_3, a_4, \cdots\cdots$

라는 집합을 빼낼 수가 있는데, 이것은 분명히 하나의 가부번집합이다. 따라서 이것으로 정리 1은 증명되었다.

이 의미에서, 가부번집합은 무한집합 가운데 제일 '작은' 집합이라 할 수 있다.

정리 2 한 개의 가부번집합에 유한개의 원소를 더하여 얻어지는 집합은 또한 가부번집합이다.

왜냐하면, 지금 생각하고 있는 가부번집합을

$a_1, a_2, a_3, \cdots\cdots, a_n, \cdots\cdots$

이라 하고, 거기에 유한개의 원소, 예를 들면 b_1, b_2, b_3를 더하여 얻어지는 집합

$$b_1, b_2, b_3, a_1, a_2, a_3, \cdots\cdots, a_n, \cdots\cdots$$

을 생각한다. 여기에는 다음과 같이 번호를 붙일 수 있다.

$$\begin{array}{ccccccccc} b_1, & b_2, & b_3, & a_1, & a_2, & a_3, & a_4, & \cdots\cdots & a_n, & \cdots\cdots \\ \updownarrow & \updownarrow & \updownarrow & \updownarrow & \updownarrow & \updownarrow & \updownarrow & & \updownarrow & \\ 1 & 2 & 3 & 4 & 5 & 6 & 7 & \cdots\cdots & 3+n & \cdots\cdots \end{array}$$

정리 3 2개의 가부번집합을 엮어서 얻어지는 집합은 또, 하나의 가부번집합이다.

왜냐하면, 지금 두 개의 가부번집합을

$$a_1, a_2, a_3, a_4, a_5, \cdots\cdots$$

와

$$b_1, b_2, b_3, b_4, b_5, \cdots\cdots$$

라 하면, 이것을 묶어 얻어지는 집합의 원소에 다음의 화살표가 나타내는 순서대로 번호를 붙일 수 있기 때문이다.

만일 같은 것이 나오면, 그것은 뛰어넘어 번호를 붙여 나간다.

$$\begin{array}{ccccccc} a_1 & a_2 & a_3 & a_4 & a_5 & & \cdots\cdots \\ \downarrow & \nearrow & \downarrow & \nearrow & \downarrow & \nearrow & \downarrow & \nearrow \\ 1 & 2 & 3 & 4 & 5 & & \cdots\cdots \end{array}$$

이 정리 2와 3의 응용으로서 다음의 정리를 증명할 수 있다.

정리 4 양, 영, 음의 정수의 집합은 가부번집합이다.

왜냐하면, 우선 자연수의 집합,

1, 2, 3, 4, 5, 6, ……

는 물론 가부번집합이다. 따라서, 정리 2에 의하여 여기에 0을 더한

0, 1, 2, 3, 4, 5, 6, ……

도 가부번집합이다. 한편, 음의 정수의 집합

-1, -2, -3, -4, ……

도 가부번집합이다. 따라서 정리 3에 의하여 이것들을 합친

……, -4, -3, -2, -1, 0, 1, 2, 3, 4, 5, 6, ……

도 가부번집합이기 때문이다.

정리 5 가부번집합이

$$M_1 = \{a_{11}, a_{12}, a_{13}, a_{14}, \cdots\}$$
$$M_2 = \{a_{21}, a_{22}, a_{23}, a_{24}, \cdots\}$$
$$M_3 = \{A_{31}, A_{32}, A_{33}, A_{34}, \cdots\}$$

로서 역시 가부번 무한개 있었을 경우, 이들 모두를 합하여 얻어진 집합도 또한 가부번집합이다.

왜냐하면, 이들 모두를 합하여 얻어지는 집합의 원소에는 다음의 화살표에 따라서 번호를 붙여 갈 수가 있기 때문이다.

$$\begin{array}{ccccccc} a_{11} & a_{12} \rightarrow & a_{13} & a_{14} \rightarrow & a_{15} & \cdots \\ \downarrow & \nearrow & \swarrow & \nearrow & & \\ a_{21} & a_{22} & a_{23} & a_{24} & a_{25} & \cdots \\ & \swarrow & \nearrow & \swarrow & & \\ a_{31} & a_{32} & a_{33} & a_{34} & a_{35} & \cdots \\ \downarrow & \nearrow & \swarrow & & & \\ a_{41} & a_{42} & a_{43} & a_{44} & a_{45} & \cdots \\ | & \swarrow & & & & \\ a_{51} & a_{52} & a_{53} & a_{54} & a_{55} & \cdots \\ \downarrow & & & & & \\ \end{array}$$

만일 번호를 붙인 것이 다시 나온다면 그것은 뛰어넘고 번호를 붙여나간다.

정리 6   모든 유리수의 집합은 가부번집합이다.

왜냐하면, 유리수의 집합이라는 것은 1을 분모로 하는 분수의 집합

$$\cdots, -\frac{3}{1}, -\frac{2}{1}, -\frac{1}{1}, \frac{0}{1}, \frac{1}{1}, \frac{2}{1}, \frac{3}{1}, \cdots$$

2를 분모로 하는 분수의 집합

$$\cdots, -\frac{3}{2}, -\frac{2}{2}, -\frac{1}{2}, \frac{0}{2}, \frac{1}{2}, \frac{2}{2}, \frac{3}{2}, \cdots$$

이 정리 2와 3의 응용으로서 다음의 정리를 증명할 수 있다.

정리 4 양, 영, 음의 정수의 집합은 가부번집합이다.

왜냐하면, 우선 자연수의 집합,

1, 2, 3, 4, 5, 6, ······

는 물론 가부번집합이다. 따라서, 정리 2에 의하여 여기에 0을 더한

0, 1, 2, 3, 4, 5, 6, ······

도 가부번집합이다. 한편, 음의 정수의 집합

-1, -2, -3, -4, ······

도 가부번집합이다. 따라서 정리 3에 의하여 이것들을 합친

······, -4, -3, -2, -1, 0, 1, 2, 3, 4, 5, 6, ······

두 가부번집합이기 때문이다.

정리 5 가부번집합이

$$M_1 = \{a_{11}, a_{12}, a_{13}, a_{14}, \cdots\}$$
$$M_2 = \{a_{21}, a_{22}, a_{23}, a_{24}, \cdots\}$$
$$M_3 = \{A_{31}, A_{32}, A_{33}, A_{34}, \cdots\}$$

로서 역시 가부번 무한개 있었을 경우, 이들 모두를 합하여 얻어진 집합도 또한 가부번집합이다.

왜냐하면, 이들 모두를 합하여 얻어지는 집합의 원소에는 다음의 화살표에 따라서 번호를 붙여 갈 수가 있기 때문이다.

$$
\begin{array}{ccccccc}
a_{11} & a_{12} \rightarrow & a_{13} & a_{14} \rightarrow & a_{15} & \cdots \\
\downarrow \nearrow & \swarrow & \nearrow & \swarrow & & \\
a_{21} & a_{22} & a_{23} & a_{24} & a_{25} & \cdots \\
& \swarrow & \nearrow & \swarrow & & \\
a_{31} & a_{32} & a_{33} & a_{34} & a_{35} & \cdots \\
\downarrow \nearrow & \swarrow & & & & \\
a_{41} & a_{42} & a_{43} & a_{44} & a_{45} & \cdots \\
| \swarrow & & & & & \\
a_{51} & a_{52} & a_{53} & a_{54} & a_{55} & \cdots \\
\downarrow & & & & & \\
\end{array}
$$

만일 번호를 붙인 것이 다시 나온다면 그것은 뛰어넘고 번호를 붙여나간다.

정리 6   모든 유리수의 집합은 가부번집합이다.

왜냐하면, 유리수의 집합이라는 것은 1을 분모로 하는 분수의 집합

$$\cdots, -\frac{3}{1}, -\frac{2}{1}, -\frac{1}{1}, \frac{0}{1}, \frac{1}{1}, \frac{2}{1}, \frac{3}{1}, \cdots$$

2를 분모로 하는 분수의 집합

$$\cdots, -\frac{3}{2}, -\frac{2}{2}, -\frac{1}{2}, \frac{0}{2}, \frac{1}{2}, \frac{2}{2}, \frac{3}{2}, \cdots$$

3을 분모로 하는 분수의 집합

$$\ldots\ldots, -\frac{3}{3}, -\frac{2}{3}, -\frac{1}{3}, \frac{0}{3}, \frac{1}{3}, \frac{2}{3}, \frac{3}{3}, \ldots\ldots$$

과 같이 가부번집합을 가부번 무한개 합병한 것이므로 이 합병집합은 정리 5에 의하여 가부번집합이기 때문이다.

그런데, 유명한 칸토어(1845~1918)는 다음의 정리를 증명하였다.

정리 7 모든 실수의 집합은 가부번집합이 아니다.

자, 이상의 사실을 염두에 두고서, 질문 '유리수와 무리수는 어느 쪽이 많은가'로 돌아가자.

유리수의 집합은 가부번집합이다. 그런데 유리수와 무리수를 합병한 실수의 집합은 가부번집합이 아니다. 따라서 무리수의 집합도 가부번집합이 아니다. 왜냐하면, 만일 가부번집합이라면, 유리수와 무리수의 합병, 즉 실수의 집합은 정리 3에 의하여 가부번집합이 되어 이것은 정리 7에 모순되기 때문이다.

유리수의 집합이 가부번집합이고, 무리수의 집합이 가부번집합이 아니라면, 정리 1의 증명 위에 말한 주의에 의하여 유리수보다도 무리수 쪽이 '많다'는 얘기가 된다.

질문

왜 십진법이 널리 사용되고 있는 것일까?

회답

인류는 수를 세는 것을 생각해 가는 과정에서, 손과 발에 붙어 있는 손가락과 발가락을 최대한으로 이용했다고 생각된다.

손가락을 써서 수를 세어 간다면, 우선 한쪽 손의 손가락이 끝났을 때에, 즉 5까지 다 세었을 때, 그것으로써 끝났다고 생각하는 것은 당연하다.

예를 들면, 로마의 숫자

I	II	III	IV	V	VI	VII	VIII	IX	X	……
1	2	3	4	5	6	7	8	9	10	

은 분명히 그의 흔적을 남기고 있다. 여기에서 5를 나타내는 기호 V는, 한쪽 손을 큰 손가락 이외의 손가락을 전부 붙여서 편 모양과 같다. 또 10을 나타내는 기호 X는 5를 나타내는 기호 V와 그것을 거꾸로 한 Λ자를 위아래에서 붙여 X로 했다는 설도 있다.

그리스의 숫자에 대해서도 같은 모양이다. 손가락을 써서 수를 세어 간다면 양손의 손가락이 끝났을 때, 즉 10까지 세었을 때, 그것으로써 끝났다고 생각하는 것은 당연하다.

더욱이 손가락과 발가락을 써서 수를 세어 간다고 하면, 양손가락과 양발가락이 끝났을 때, 즉 20까지 세었을 때, 그것으로써 끝났다고 생각

그리스의 숫자

하는 것도 당연하다.

영어에서 twenty 이외에 20을 의미하는 score라는 단어가 있고, 70을 three score and ten 이라 하는 것은 그의 이름이 남은 것이라 할 수 있다.

자, 손가락을 써서 수를 센다면, 이상과 같이 5진법, 10진법, 20진법의 3종류를 생각할 수 있지만, 5로는 하나로 합치는 것이 너무 작고, 20으로는 하나로 합치는 것이 너무 크기 때문에 10진법이 쓰이게 된 것이 아닌가 생각된다.

질문

우리나라에서 수를 세는 법은

일 십 백 천

만	십만	백만	천만
억	십억	백억	천억
조	십조	백조	천조

......

처럼 4자리마다 새로운 단위의 이름을 붙이고 있는데, 조보다 더 큰 단위명을 가르쳐 주세요.

회답

이 문제의 답은 도쿠가와 시대의 초기에 출판된 요시다(吉田光由)의 「진겁기(塵劫記)」에 나오는 얘기로 답할 수 있다.

一(일) → 万(만) → 億(억) → 兆(조) → 京(경)

垓(해) → 秭(자) → 穰(양) → 溝(구) → 澗(한)

正(정) → 載(재) → 極(극) → 恒河沙(항하사) → 阿僧祇(아승기)

那由他(나유타) → 不可思議(불가사의) → 無量大數(무량대수)

이 가운데 항하사는 인도의 갠지스 강(恒河)의 모래(沙)의 수 정도로 큰 수라는 의미이고, 그 위의 단위명은 모두 불교경전 가운데에서 나오는 것이라 한다.

질문

소수(素數)는 무한히 많을까?

회답

소수는 무한히 많다. 왜냐하면, 지금 소수가 유한개밖에 없다 하여 그것을

$$p_1, p_2, p_3, \cdots\cdots, p_n$$

으로 나타내고

$$p_1 \cdot p_2 \cdot p_3 \cdot \cdots\cdots \cdot p_n + 1$$

이라는 수를 생각해 본다. 이 수는 어느 소수보다도 크기 때문에 소수가 아니고 합성수이다. 즉 소수를 몇 개인가 곱한 수이다. 그런데, 이것은 p_1, p_2, p_3, ……, p_n의 어느 것으로도 나누어지지 않으므로 이것은 모순이다. 따라서 소수는 무한히 많다.

질문

소수를 구하는 일반적인 방법이 있을까?

회답

그리스의 수학자 에라토스테네스(기원전 275~기원전 194)가 생각한 에라토스테네스의 체(篩)라 불리는 방법이 있다.

우선 1을 뺀 정수 2, 3, 4, 5, ……를 순서대로 나열한다.

처음 2는 소수이다. 그러나 그 뒤에 나오는 2의 배수는 모두 합성수이므로 소수는 아니다. 거기에서 처음 2만 남기고 뒤에 나오는 2의 배수를 전부 지워 버린다.

다음의 3은 소수이다. 그러나 그 뒤에 나오는 3의 배수는 모두 합성수로서 소수가 아니다. 거기에서 3만 남기고 뒤에 나오는 3의 배수를 전부 지워 버린다.

그 다음에 4는 이미 지워져 있어서 소수가 아니다. 그 다음의 5는 2의 배수도 3의 배수도 아니어서 소수이다.

여기에서 5를 남기고 그 뒤의 5의 배수는 모두 지워 버린다.

이 작업을 계속해 나가면, 어떤 소수 p가 있을 때, p^2보다 작은 자연수로서 지워지지 않고 남아 있는 것은 모두 소수이다.

	2	3	4̸	5	6̸	7	8̸	9̸	1̸0̸
11	1̸2̸	13	1̸4̸	1̸5̸	1̸6̸	17	1̸8̸	19	2̸0̸
2̸1̸	2̸2̸	23	2̸4̸	2̸5̸	2̸6̸	2̸7̸	2̸8̸	29	3̸0̸
31	3̸2̸	3̸3̸	3̸4̸	3̸5̸	3̸6̸	37	3̸8̸	3̸9̸	4̸0̸
41	4̸2̸	43	4̸4̸	4̸5̸	4̸6̸	47	4̸8̸	4̸9̸	5̸0̸
5̸1̸	5̸2̸	53	5̸4̸	5̸5̸	5̸6̸	5̸7̸	5̸8̸	59	6̸0̸
61	6̸2̸	6̸3̸	6̸4̸	6̸5̸	6̸6̸	67	6̸8̸	6̸9̸	7̸0̸
71	7̸2̸	73	7̸4̸	7̸5̸	7̸6̸	7̸7̸	7̸8̸	79	8̸0̸
8̸1̸	8̸2̸	83	8̸4̸	8̸5̸	8̸6̸	8̸7̸	8̸8̸	89	9̸0̸
9̸1̸	9̸2̸	9̸3̸	9̸4̸	9̸5̸	9̸6̸	97	9̸8̸	9̸9̸	1̸0̸0̸

왜냐하면, p^2보다도 작은 합성수는 p보다 작은 소수의 배수로서 모두 지워져 버렸기 때문이다.

이 방법으로 100까지의 소수를 구해 보면, 그들은 2, 3, 5, 7, 11, 13,

17, 19, 23, 29, 31, 37, 41, 43, 47, 53, 59, 61, 67, 71, 73, 79, 83, 89, 97의 25개이다.

질문

1은 왜 소수에 넣지 않을까?

회답

예를 들어 600이란 양의 정수를 생각해 볼 때, 600은
$$600 = 2^3 \cdot 3^1 \cdot 5^2$$
이라고 쓸 수 있다. 여기에서 2, 3, 5는 모두 소수이지만, 주어진 양의 정수를 이렇게 고쳐 쓰는 것을 '600을 소인수분해 한다'라고 한다. 이 경우, 2, 3, 5라는 수는 600이라는 수에 의해(순서를 무시하면) 한가지로 정해지고 거기에 대응하는 3, 1, 2라는 수도 한가지로 정해진다.

이것을 정리하면 다음과 같이 쓸 수 있는데, 이 정리는 초등정수론의 기본 정리라고 부른다.

[소인수분해]   1보다 큰 정수 a는 소수의 곱으로 분해할 수 있고 그 분해의 결과는 (순서를 무시하면) 단 한 가지 방법뿐이다.

만일 1을 소수의 범위에 넣으면 여기가 이렇게 매끄럽게 진행될 수 없다.

> 질문

왜 허수 i를 생각하게 되었나?

> 회답

우선, 2차방정식

$$x^2 - 4x - 5 = 0$$

을 풀어 본다. 이 식의 양변에 9를 더하면,

$$x^2 - 4x + 4 = 9$$

$$(x-2)^2 = 9$$

그런데, 제곱하여 9가 되는 수는 +3과 -3이므로

$$x - 2 = \pm 3,$$

$$x = 5, -1$$

이 2차방정식에는 해가 둘이다. 다음에, 2차방정식

$$x^2 - 4x + 1 = 0$$

을 풀어 보면, 양변에 3을 더하여

$$x^2 - 4x + 4 = 3$$

$$(x-2)^2 = 3$$

그런데, 제곱하여 3이 되는 수는 $\pm\sqrt{3}$이므로

$$x - 2 = \pm\sqrt{3}$$

$$x = 2 \pm \sqrt{3}$$

이 2차방정식에도 해가 둘 있다. 최후로, 2차방정식

$$x^2 - 4x + 13 = 0$$

을 풀어 본다. 양변에서 9를 빼어

$$x^2 - 4x + 4 = -9$$

$$(x-2)^2 = -9$$

여기에서 x를 실수라 하면, $x-2$도 실수, 따라서 그의 제곱은 양수 아니면 0이다. 따라서 이 경우에는 실수의 범위에서만 생각할 때 이 2차방정식에는 해가 없게 된다.

여기에서 어떤 2차방정식에도 해가 존재하도록 하기 위하여

$$i^2 = -1$$

이 되는 수 i를 생각하는 것이다. 이 i를 허수단위라 부른다. 그렇게 하면,

$$(3i)^2 = 3^2 \cdot i^2 = -9$$

라 생각할 수 있고, $(x-2)^2 = -9$이므로

$$x - 2 = \pm 3i$$

$$x = 2 \pm 3i$$

로 된다. 이처럼 a, b를 실수라 할 때,

$$a + bi$$

라는 형태의 수를 생각하면 2차방정식만이 아니고, 일반으로 n차방정식도 항상 해를 갖는다는 것을 알 수 있다. 이 $a+bi$형의 수를 복소수라고 부른다.

실수는 직선상의 점으로 나타내지지만 이 복소수는 평면상의 점 (a, b)로 나타내어진다.

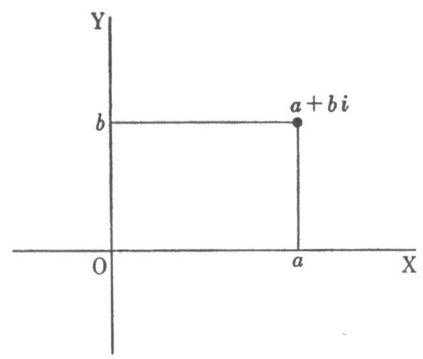

복소수는 평면상의 점으로 나타낸다.

직선상에 눈금을 매길 수 있는 실수에 대해서는 크기를 생각할 수 있지만, 평면상의 점으로 나타내어지는 복소수에 대해서는 크기를 생각할 수 없다.

질문

복소수는 어떻게 도움이 되나?

회답

복소수란 a, b를 실수, i를 $i^2 = -1$ 즉 허수단위로 할 때,

$$a + bi$$

의 모양으로 나타낼 수 있는 수를 말한다. 복소수끼리의 가감승제는 다음과 같이 정의한다.

$$(a+bi)+(c+di)=(a+c)+(b+d)i$$

$$(a+bi)-(c+di)=(a-c)+(b-d)i$$

$$(a+bi)\cdot(c+di)=(ac-bd)+(ad+bc)i$$

$$\frac{a+bi}{c+di}=\frac{(a+bi)(c-di)}{(c+di)(c-di)}$$

$$=\frac{(ac+bd)+(bc-ad)i}{c^2-(di)^2}$$

$$=\frac{(ac+bd)}{c^2+d^2}+\frac{(bc+ad)}{c^2+d^2}i$$

다시 말하여, 복소수끼리의 사칙연산은 $i^2 = -1$이라는 사실에 주의하면 보통의 사칙연산과 같이 계산하면 된다.

다음에, e^x, $\sin x$, $\cos x$, $\log x$ 등 실수의 범위에서는 의미를 잘 알고 있는 함수에 대해서도 변수가 복소수

$$z = x + yi$$

일 경우에

e^z, $\sin z$, $\cos z$, $\log z$

등이 의미를 갖도록 정의하여 복소수 범위 안에서의 미분적분학을 전개할 수 있다. 이것을 복소함수론이라고 부른다.

복소함수론은 예를 들면, 유체역학 등에 응용되고 있으며 그의 응용 범위도 대단히 넓다는 것이 일반적으로 알려져 있다.

질문

$3^2 + 4^2 = 5^2$, $5^2 + 12^2 = 13^2$과 같이 되는 수는 $(3, 4, 5)$, $(5, 12, 13)$ 이외에도 있을까?

회답

있다. $(3, 4, 5)$라는 수의 조가

$$3^2 + 4^2 = 5^2$$

의 관계를 만족하면 $(3, 4, 5)$의 전부를 두 배 해서 얻어지는 $(6, 8, 10)$도

$$6^2 + 8^2 = 10^2$$

을 만족하고 $(3, 4, 5)$의 전부를 세 배 해서 얻어지는 $(9, 12, 15)$도

$$9^2 + 12^2 = 15^2$$

을 만족하기 때문이다.

또,

$$5^2 + 12^2 = 13^2$$

으로부터 출발하여 얻어지는

$$10^2 + 24^2 = 26^2$$
$$15^2 + 36^2 = 39^2$$
......

에 대해서도 같다. 그렇다면 이들을 빼고

$$a^2 + b^2 = c^2$$

을 만족하는 양의 정수의 짝 (a, b, c)이 이것들 이외에 또 있을까? 답은 '있

다'이다. 그것을 증명하기 위하여 '홀수를 순서대로 1부터 n번째의 $2n-1$까지 더한 것은 제곱수 n^2이다'라는 사실을 이용한다. 예를 들면,

$$1+3+5+7=4^2$$

또,

$$1+3+5+7+9=5^2$$

이다. 따라서 앞쪽을 뒤쪽에 대입하면 $4^2+9=5^2$

즉,

$$4^2+3^2=5^2$$

이다. 또,

$$1+3+5+\cdots+23=12^2$$

이므로,

$$1+3+5+\cdots+23+25=13^2$$

이다. 따라서 앞쪽을 뒤쪽에 대입하면

$$12^2+25=13^2$$

즉,

$$12^2+5^2=13^2$$

지금까지 얻어진 것은 이미 알고 있었던 것이지만, 이것을 계속해 본다.

우선,

$$1+3+5+\cdots+47=24^2$$

으로

$$1+3+5+\cdots+47+49=25^2$$

이다. 따라서 앞쪽을 뒤쪽에 대입하면

$$24^2 + 49 = 25^2$$

즉,

$$24^2 + 72 = 25^2$$

이다. 이 방법을 계속해서

$$a^2 + b^2 = c^2$$

을 만족하는 양의 정수의 조 (a, b, c)를 얼마든지 만들 수 있다. 이런 수의 조를 피타고라스의 수라고 부른다.

질문

3각수, 4각수란 어떤 수인가?

회답

3각수도 4각수도 피타고라스의 정리로 유명한 피타고라스가 고안한 수로서, 다음과 같은 수이다.

(1) 3각수

수를 바둑돌 ●의 개수로 나타내기로 하면, ●을 다음 그림과 같이 정삼각형의 모양으로 나타낼 수 있는 수를 3각수라고 부른다. 따라서,

1번째의 3각수는, 1 = 1

2번째의 3각수는, 1 + 2 = 3

3번째의 3각수는, 1 + 2 + 3 = 6

4번째의 3각수는, 1 + 2 + 3 + 4 = 10

……

n번째의 3각수는,

$1 + 2 + 3 + \cdots + (n-1) + n = \frac{1}{2}n(n+1)$ 이다.

마지막 공식은 다음과 같이 하여 증명된다.

n번째의 3각수를 나타내는 그림과 같은 것을 거꾸로 한 것과 다음 그림과 같이 나열해 두면

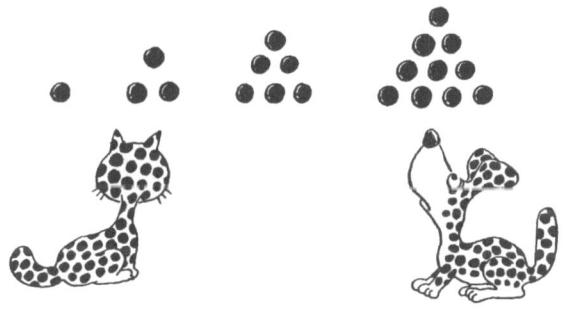

3각수

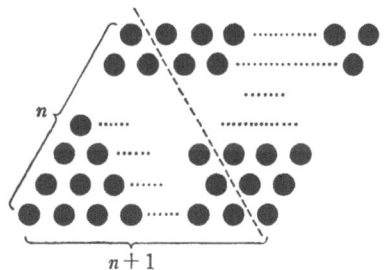

와 같이 된다. 이 그림에서 ●이 가로로 n개, 세로로 $(n+1)$개씩 있으므로 ●의 개수는 모두,

$$n(n+1)$$

개 있다. 그런데 이것은 n번째 3각수의 두 배이므로 n번째의 3각수는,

$$\frac{1}{2}n(n+1)$$ 이다.

(2) 4각수

수를 바둑돌 ●의 개수로 나타내기로 하면, ●을 아래 그림과 같이 정사각형의 모양으로 나타낼 수 있는 수를 4각수라 한다.

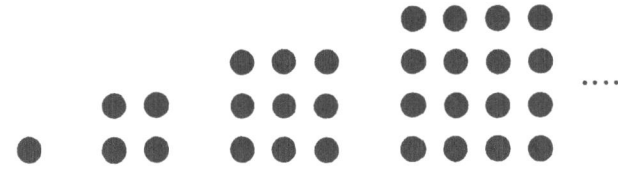

따라서,

1번째의 4각수는, $1^2 = 1$

2번째의 4각수는, $2^2 = 4$

3번째의 4각수는, $3^2 = 9$

4번째의 4각수는, $4^2 = 16$

n번째의 4각수는, n^2이다.

……

(3) 3각수와 4각수의 관계

3각수는 1부터 순서대로 나열해 놓고, 그의 옆 짝을 더해 보면

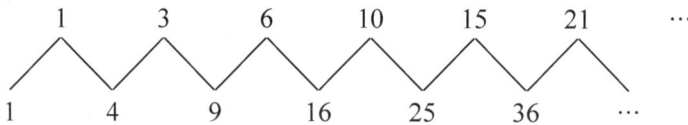

과 같이 4각수가 된다.

증명은, 제$(n-1)$번째의 3각수의 그림과 제n번째의 3각수의 그림을 거꾸로 한 것을 나열해 두면

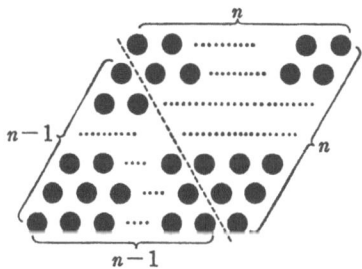

이 되고 ●이 가로로 n개, 세로로 n개, 따라서 전체 n^2있다는 사실에 주의하여 행할 수 있다.

(4) 홀수와 4각수

홀수를 1부터 순서대로 더하여 보면,

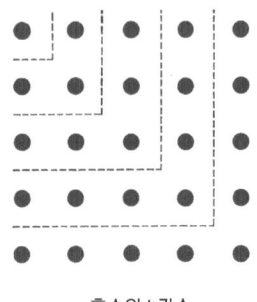

홀수와 4각수

1 = 1

1 + 3 = 4

1 + 3 + 5 = 9

1 + 3 + 5 + 7 = 16

……

로써 답은 항상 4각수가 된다. 증명에는 위 그림을 사용한다. 즉,

1 + 3 + 5 + 7 + 9 + ……을 만드는 데 ●을 항상 열쇠 모양으로 더해 가면 답은 4각수가 됨을 쉽게 알 수 있다.

제2장

'계산'은 왜 그럴까

(질문)

수학에서는 여러 가지 기호를 쓰고 있는데, 그 이유에 대하여 가르쳐 주세요.

(회답)

[+와 -]

이것은 '계산친방(計算親方)'이라는 별명을 가진 독일의 비트만(J. Widmann)이 1489년에 과부족의 의미로서 사용한 것이 오늘날 덧셈과 뺄셈의 기호로 사용되게 되었다고 한다.

또, +는 라틴어로 '및(와, 과)'을 의미하는 et를 빨리 쓰다 보니 +가 되었다고 전해지고 있으며, 또 -는 minus의 머리글자인 m을 빨리 쓰다 보니 -가 되었다는 설도 있다.

[=]

이것은 레코드(R. Recorde, 1510~1558)의 『지혜의 지석(砥石)』(1557)이라는 책에 나타난 것이 최초이다. 레코드는 등호로써 =을 사용하는 이유로 '길이가 같은 평행선 등 같은 것은 없기 때문'이라고 말하고 있다. 따라서 이것은 최초에는 ══처럼 가로로 길게 쓰인 것이 점점 오늘날의 =이 된 것이다.

[×]

이것은 1631년에 출판된 오트레드(W. Oughtred, 1574~1660)의 『수학의 열쇠』라고 하는 책에 처음 보이고 있다.

[÷]

이것은 1659년에 출판된 란(J. H. Rahn, 1662~1676)의 대수책에서 나타나고 있다. 원래는 비를 나타내는 기호인 :으로부터 왔다고 생각된다.

[< 와 >]

1631년에 발행된 해리엇(T. Harriot, 1560~1621)의 책에서 나타난다.

[$a^2, a^3, \cdots$]

오늘날의 지수 기호를 처음 사용한 것은 데카르트(René Descartes, 1596~1650)였다고 전해진다.

[$\sqrt{}$]

1525년에 발행된 루돌프(C. Rudolff)의 『대수』에서 처음 보인다. 이 기호는 루트(root)의 머리글자인 r로부터 시작되었다고 전해진다.

[$a^{-\frac{1}{3}}, a^{-\frac{1}{2}}, \cdots, a^{\frac{1}{2}}, a^{\frac{1}{3}}, a^{\frac{2}{3}}, \cdots$ 등]

이들 기호가 정착된 것은 월리스(John Wallis, 1616~1703)와 뉴턴(Isaac

Newton, 1642~1727) 이후라고 전해지고 있다.

[i]

$\sqrt{-1}$ 대신에 i(imaginary number의 머리글자)라고 쓴 것은 오일러(Leonhard Euler, 1707~1783)가 최초였다고 전해지고 있다.

[원주율 π]

원주율을 π로써 나타낸 것은 존스(William Jones, 1675~1749)에 의해 시작되었다고 전해진다. 오일러, 베르누이(Johann Bernoulli, 1667~1748), 르장드르(A. M. Legendre, 1752~1833) 등이 이 기호를 채용한 이래로 정착되었다.

[$f(x)$]

함수라는 말을 처음 수학에 도입한 것은 라이프니츠(G. W. F. Leibniz, 1646~1716)이지만, $f(x)$라는 기호를 처음 사용한 것은 오일러라고 전해진다.

[dx, dy]

라이프니츠가 최초로 사용하였다. d는 differential의 머리글자이다.

[$f', f'', \cdots\cdots y', y'', \cdots\cdots$]

이 기호들을 처음 사용한 것은 라그랑주(J. L. Lagrange, 1736~1813)이다.

[$\int$]

이것을 처음 사용한 것은 라이프니츠이다. 이것은 합(sum)을 의미하는 말의 머리글자인 S를 아래위로 잡아당긴 모양의 뜻이다.

질문

미지수를 나타내는데, 왜 x, y, z 등의 문자가 쓰이고 있는가?

회답

프랑스의 비에트(F. Viête, 1540~1603)는 이미 알고 있는 양을 나타내는 데에는 자음,

$b, c, d, f, \cdots\cdots$

등을 쓰고, 미지의 양을 나타내는 데는 모음,

$a, e, i, o, u, \cdots\cdots$

등을 쓰기 시작하였는데, 이것은 훗날, 데카르트에 의하여 이미 알고 있는 양을 나타내는 데에는 알파벳의 앞쪽 문자

$a, b, c, d, \cdots\cdots$

를 쓰고, 미지의 양을 나타내는 데에는 알파벳의 뒤쪽 문자

$$x, y, z$$

를 쓰기로 했는데, 이 습관이 오늘날까지도 계속되고 있는 것이다.

질문

sin, cos, tan의 어원은 무엇일까?

회답

이것은 오야(大夫眞一), 가타노(片野善一郎) 공저인 『수학과 수학 기호의 역사』로부터 인용하였다.

아리아바타(Aryabhatta, 476?~550?)는 다음 그림의 현 AB를 jyã 또는 jiva라고 불렀다. jiva는 사냥꾼의 활의 현이라는 의미이다. 아리아바타는 또, AB의 반 AC를 jyãrdhã, ardhajyã라고 불렀는데, 나중에는 생략하고 그냥 jyã, jiva라고 부르기로 하였다.

아라비아의 천문학자는 인도의 정현표를 옮겨왔지만, 아라비아어에서 모음은 독자에 의하여 더해지는 것으로 하고 단어의 자음만을 쓰는 것이 종종 있었다. 거기에서 jiva를 아라비아 사람들은 발음대로 같은 자음을 갖는 jaib(후미라든가, 산속 또는 가슴이라는 말)로 번역하였다. 그래서 이 아라비아어가 라틴어로 번역될 때, 후미라든가 산속에 해당하는 라틴어인 sinus로 바뀌었다. 이것이 영어로 sine의 시초이다.

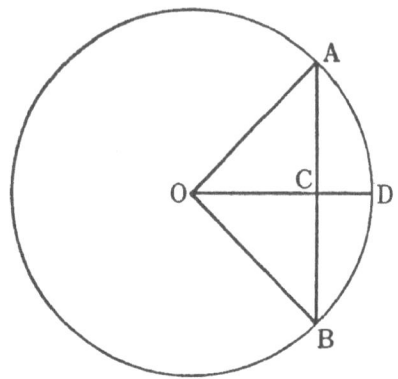

　일본의 정현(正弦; sine), 여현(余弦; cosine)이라는 용어는 명나라 말에 중국에 온 유럽인들이 번역한 말이다. 여현은 처음에는 chorda residui(나머지의 현, 1120년경), sinus residuae(나머지의 정현, 1579년)라든가 sinus secundus(제2의 정현, 1609년)와 같이 불리기도 하고, 라에틱스(1551년)와 같이 그냥 basis(底)로 부르기도 하였다. 라에틱스는 처음에 삼각함수를 변의 비로써 정의한 사람이다.

　오늘날의 기호에 가까운 것을 최초로 사용한 것은 영국의 건터(1620년)로서 co. sinus로 표기하였다. 그 후에, 존 뉴턴(1658년)이 cosinus로 표기하였으며, 무어(1674년)가 cos로 쓰고서부터 이것이 일반적으로 사용되었다.

　중세 라틴의 저자들은 수평의 그늘, 수직의 그늘을 umbra recta, umbra versa로 불렀으나, 이 이름은 18세기 이후에도 가끔 쓰일 정도로 유행하였다. umbra versa가 정접(tangent)이고 umbra recta가 여접(cotangent)이다.

이 umbra versa에 대하여, tangent라는 용어를 사용한 것은 덴마크의 토머스 휜케(1583년)이다. cotangent는 처음에 tangens secunda(제2의 접점) 등으로 불렸으나, 영국의 건터에 의하여 cotangens가 사용되고 난 후부터 이것이 보급되었다.

질문

분수의 나눗셈을 할 때, 왜 $\dfrac{b}{a} \div \dfrac{d}{c} = \dfrac{b}{a} \times \dfrac{c}{d}$ 와 같이 계산할까?

회답

우선 예로써,

$$\frac{2}{3} \div \frac{5}{4}$$

라는 나눗셈을 생각해 보자. 아래의 그림은 이 $\dfrac{2}{3}$와 $\dfrac{5}{4}$를 그림으로 나타낸 것이다.

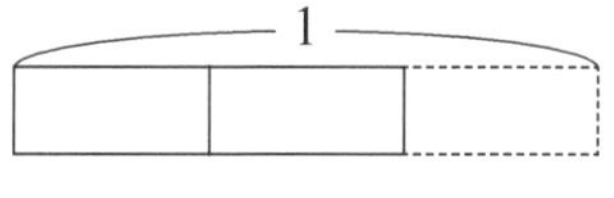

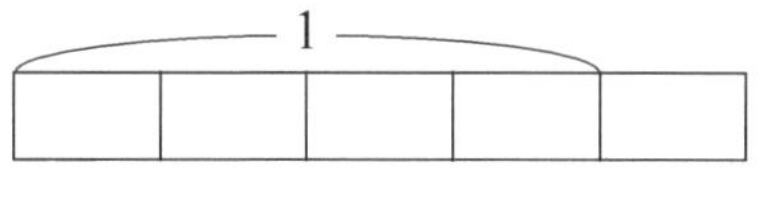

여기에서

$$\frac{2}{3} = \frac{2 \times 4}{3 \times 4}, \quad \frac{5}{4} = \frac{3 \times 5}{3 \times 4}$$

라고 생각하면 다음의 그림이 얻어진다.

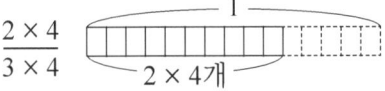

이렇게 하면, 이 나눗셈은

$\dfrac{1}{3 \times 4}$이 2×4개분을

$\dfrac{1}{3 \times 4}$이 3×5개분으로

나누는 나눗셈이다. 따라서 답은

$$\frac{2 \times 4}{3 \times 5} = \frac{2}{3} \times \frac{4}{5}$$

이다. 즉,

$$\frac{2}{3} \div \frac{5}{4} = \frac{2}{3} \times \frac{4}{5}$$

이다. 이것을 일반적으로

$$\frac{b}{a} \div \frac{d}{c}$$

로 고치면, 다음과 같이 된다.

$$\frac{b}{a} = \frac{b \times c}{a \times c}, \quad \frac{d}{c} = \frac{a \times d}{a \times c}$$

에 주의하여

$$\frac{b}{a} \div \frac{d}{c} = \frac{b \times c}{a \times c} \div \frac{a \times d}{a \times c}$$

이다. 여기에서, 오른쪽의 수개의 분수는 같은 분모를 갖고 있기 때문에, 이 나눗셈의 답은

$(b \times c) \div (a \times d)$ 이다.

즉, 분수의 의미로서

$$\frac{b \times c}{a \times d}$$

와 같다. 이것은 또한

$$\frac{b}{a} \times \frac{c}{d}$$

로도 쓸 수 있다. 지금까지 말한 것은 또 다음과 같이 생각해도 좋다.

$$\frac{b}{a} \div \frac{c}{d} = \square$$

라면, 이 □는

$$\frac{b}{a} = \square \times \frac{d}{c}$$

와 같게 되는 □라는 의미이다. 따라서, 이 식의 양변에 $\frac{d}{c}$를 곱하면,

$$\frac{b}{a} \times \frac{c}{d} = \square \times \frac{d}{c} \times \frac{c}{d}$$

즉, $\square = \dfrac{b}{a} \times \dfrac{c}{d}$ 이다.

> **질문**

음수끼리 곱하면 왜 양수가 될까?

> **회답**

이것은 음수와 음수를 곱하면 양수가 되는 것이 아니고, 양수라고 하는 것이다. 왜 그렇게 하느냐에 대한 이유를 설명해 보자. 우선,

$(-2) \times 3 = (-2) + (-2) + (-2) = -6$

$(-2) \times 2 = (-2) + (-2) = -4$

$(-2) \times 0 = 0$

이기 때문에

······

$(-2) \times 3 = -6$

$(-2) \times 2 = -4$

$(-2) \times 1 = -2$

$(-2) \times 0 = 0$

이라는 표가 얻어진다. 우리들이 생각하고 싶은 것은 지금부터이다. 결국,

......

(-2) × 3 = -6

(-2) × 2 = -4

(-2) × 1 = -2

(-2) × 0 = 0

(-2) × (-1) = ?

(-2) × (-2) = ?

(-2) × (-3) = ?

......

의 '?' 장소는 뭘까 하는 것이다. 그런데, ……, (-2) × 3, (-2) × 2, (-2) × 1, (-2) × 0처럼 곱하는 수가 하나씩 작아지면, 그 답은 ……, -6, -4, -2, 0처럼 두 개씩 증가해 간다. 따라서, 위의 표는 답이 두 개씩 증가해 가도록

......

(-2) × 3 = -6

(-2) × 2 = -4

(-2) × 1 = -2

(-2) × 0 = 0

(-2) × (-1) = +2

(-2) × (-2) = +4

(-2) × (-3) = +6

……

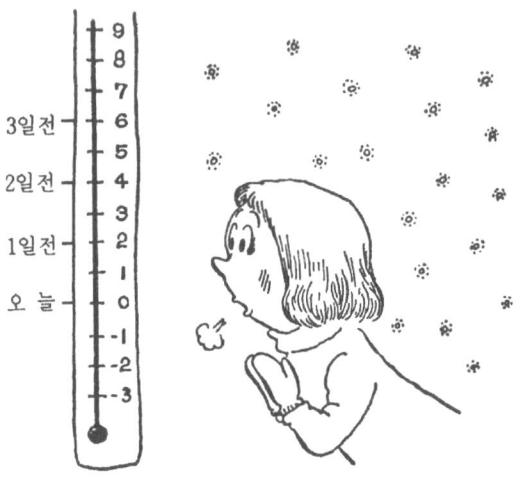

자! 3일 전의 온도는?

라고 하는 것이 타당할 것이다. 이렇게 생각하면, 음수와 음수를 곱한 것은 양수라고 약속하는 것이 타당하다는 사실을 알 수 있다.

하나 더 예를 들어보자. 지금,

'온도가 매일 2도씩 내려가는데, 오늘은 영도이다. 3일 전에는 몇 도였을까?'라는 문제에 대하여 생각해 보자. 위의 그림을 그려보면 쉽게 알 수 있듯이 매일 2도씩 온도가 내려갈 때, 오늘은 0도라면 3일 전에는 6도가 된다. 한편, 매일 2도씩 온도가 내려가는 것은 -2이고, 3일 전은 -3으로 나타내지기 때문에, 이것은

$(-2) \times (-3) = 6$

으로 정하는 것이 타당하다는 것을 나타내고 있다.

> 질문

부등식에서, 양변에 음수를 곱하면 왜 부등식의 부호가 바뀔까?

> 회답

우선,

$5 > 2$

는 올바른 부등식이다. 이것은 5에서 2를 뺀 답이 양이라는 것, 즉,

$5 - 2 > 0$

를 의미하고 있다. (5 - 2)는 양수이므로 여기에 예를 들어 -3을 곱하면, (5 - 2) × (-3)은 음수이다. 즉,

$(5 - 2) \times (-3) < 0$

$5 \times (-3) - 2 \times (-3) < 0$

따라서

$5 \times (-3) < 2 \times (-3)$

즉, $5 > 2$

라는 부등식의 양변에 -3이라는 음수를 곱하면 부등호의 방향이 바뀐다.

사실,

$5 \times (-3) = -15$

$2 \times (-3) = -6$

이기 때문에

$-15 < -6$

이다. 이것을 일반적인 부등식

$a > b$

로 고쳐 쓰면, 우선 이 식은

$a - b > 0$

을 의미한다. 따라서 c를 음수라 하면 양수인 $(a - b)$와 음수인 c를 곱한 $(a-b)c$는 음수이다. 즉,

$(a-b)c < 0$

$ac - bc < 0$

$ac < bc$

이다. 즉, 부등식 $a > b$의 양변에 음수인 c를 곱하면 $ac < bc$로 되어서 부등호의 방향이 바뀐다.

질문

왜 $0.9999\cdots = 1$일까?

회답

먼저 1을 9로 나누어 보자.

$\dfrac{1}{9} = 0.111111\cdots$

이 양변을 9배 하면,

$$1 = 0.999999\cdots\cdots$$

가 될 것이다. 그러나, 보다 정확하게 말하여 1과 0.9, 0.99, 0.999, ……와의 차는

$$1 - 0.9 = 0.1$$
$$1 - 0.99 = 0.01$$
$$1 - 0.999 = 0.001$$

처럼 $0.999\cdots\cdots99$에 있어서 9의 개수가 증가하면 증가할수록 점점 작아진다. 이것을 수학에서는

$$\underbrace{0.999\cdots\cdots 99}_{n개}$$

에 있어서 n이 한없이 커질 때의 극한이 1이라고 말하고,

$$\lim_{n\to\infty} \underbrace{0.999\cdots\cdots 99}_{n개} = 1$$

로 쓴다.

$$0.999999\cdots\cdots = 1$$

이라고 쓰는 것은 이상의 것을 간단하게 이렇게 쓴 것이라고 생각해야 할 것이다. 그러나 수학자인 에쓰나(末鋼恕一) 선생은

$$0.99999\cdots\cdots$$

를 1이라고 이해하는 것은 철학자인 니시다(西田幾多部) 선생이 말하는 행위적 직관의 예라고 말하고 있다.

> 질문

6×0은 좋으나, 왜 6÷0과 같이 0으로 나누어서는 안 될까?

> 회답

우선, 나눗셈의 의미를 생각해 보자.

$6 ÷ 2 = □$

는 실은, 2를 곱하면 6이 되는 수 즉,

$6 = □ × 2$

인 수이다. 이것은 물론 3이다. 그런데 만일, 6÷0이라는 나눗셈을 생각한다면, 그의 답

$6 ÷ 0 = □$

은 0을 곱하면 6이 되는 수 즉,

$6 = □ × 0$

가 되는 수를 말하게 된다. 이러한 수가 있을까? □의 가운데 어떤 수를 넣더라도 이 식은 성립되지 않는다.

이처럼, 6÷0은 답이 없는 계산이기 때문에 계산할 수가 없다.

만일, 등식의 양변을 0으로 나누면, 모순이 되어 버린다. 예를 들면,

$1 × 0 = 2 × 0$

은 맞는 식이지만, 이 양변을 0으로 나눈

$1 = 2$

는 맞는 식이 아니다.

질문

왜 $a^0 = 1$일까?

회답

이것은

'$a^0 = 1$'

이 되는 것이 아니고 '$a^0 = 1$'이라고 약속하는 것이다. 그 이유는 다음과 같다. 우선 a를 m번 곱한

$$\underbrace{a \times a \times \cdots \times a}_{m\text{개}}$$

을 a^m이라고 나타내기로 한다면, m과 n을 양의 정수라 할 때,

$$a^m \times a^n = a^{m+n}$$

이다. 왜냐하면, 이 식의 좌변은 위의 정의에 의하여 a를 $m + n$번 곱한 것이 되어 버리기 때문이다.

다음에, m과 n을 $m > n$인 양의 정수라 할 때,

$$a^m \div a^n = a^{m-n}$$

이다. 왜냐하면, 이 식의 좌변은 위의 정의에 의하여 a를 $m - n$번 곱한 것이기 때문이다. 더욱이 m과 n을 양의 정수라 할 때,

$$(a^m)^n = a^{mn}$$

이다. 왜냐하면, 이 식의 좌변은 위의 정의에 의하여 a를 $m \times n = mn$번 곱한 것이기 때문이다.

이렇게 하여 m과 n을 양의 정수라 할 때,

$$a^m \times a^n = a^{m+n}$$

$$a^m \div a^n = a^{m-n} \qquad (m > n)$$

$$(a^m)^n = a^{mn}$$

라는 법칙이 성립되는데 이것을 지수법칙이라 부른다.

우리는 이 지수법칙이 m, n의 모든 정숫값에 대하여 성립하도록 확장을 하고 싶은 것이다.

우선, 제2의 법칙이

$$m = n$$

인 경우에도 성립되도록 하는 데에는

$$a^{m-n}$$

즉, a^0을 어떻게 정의하면 좋을까?

$m = n$일 경우에 좌변은

$$a^m \div a^n = 1$$

이 된다. 그리고 우변은

$$a^{m-n} = a^0$$

이 되기 때문에 이것으로부터 생각하여

$$a^0 = 1$$

이라고 정의하는 것이 타당하다는 사실을 알 수 있다.

다음에, a^n에서 n이 음의 정수일 때에도 의미를 정하고 싶기 때문에, 제2의 법칙

$$a^m \div a^n = a^{m-n}$$

에서 m을 0이라 하면, 이 식의 좌변은

$$a^0 \div a^n = 1 \div a^n = \frac{1}{a^n}$$

이 된다. 또 우변은

$$a^{0-n} = a^{-n}$$

으로 되어 이들로부터

$$a^{-n} = \frac{1}{a^n}$$

이라고 정의하는 것이 타당하다는 사실을 알 수 있다. 이처럼 a의 0제곱과 마이너스제곱을 정의하면, 최초에 든 지수법칙이 m, n의 모든 정숫값에 대하여 성립하고 제2의 법칙에 있어서 $m > n$이라는 제한을 없앨 수 있다는 사실을 확인할 수가 있다.

질문

분수를 소수로 고치면 반드시 유한소수 아니면, 순환소수가 되는 이유는?

회답

분수를 소수로 고칠 때, 예를 들면,

$$\frac{3}{4}=0.75, \quad \frac{5}{8}=0.625$$

와 같이 나누어떨어지면 답은 유한소수이다. 그렇다면,

$$\frac{5}{7}=0.714\cdots\cdots$$

와 같이 나누어떨어지지 않으면 어떻게 되는지 생각해 보자. 이 나눗셈을 실제로 써보면

```
        0.7142857……
   7)5.0
      49
      ——
       10
        7
       ——
       30
       28
       ——
        20
        14
        ——
        60
        56
        ——
         40
         35
         ——
         50
         49
         ——
          10
```

이 된다.

이것은 계속해서 7로 나누어 가는 계산인데, 나누어떨어지지 않으면, 7로 나누었을 때 나머지는

1, 2, 3, 4, 5, 6

중의 하나이다. 따라서, 이것을 계속해 보면 언젠가는 같은 나머지가 나온다. 그래서 어느 뒤부터는 앞과 같은 계산이 반복되어 답은 순환소수가 된다.

위의 예에서 7로 나눈 나머지는

1, 3, 2, 6, 4, 5, ……

이지만 6번째에 최초로 5가 나타나기 때문에 그 이후부터는 같은 계산이므로 따라서 답은 714285라는 숫자의 묶음이 순환되는 순환소수이다.

질문

순환소수를 분수로 고치는 법은?

회답

우선, 순환수수

0.3333……3……

을 분수로 고치는 법부터 생각해 보자. 이때,

$$\frac{1}{9} = 0.1111……1……$$

이라는 사실에 주의한다. 이 식의 양변에 3을 곱하면,

$$\frac{3}{9} = 0.3333……3……$$

즉, $\frac{1}{3} = 0.3333……3……$

이 된다. 다음에 순환소수

　　　$0.12121212\cdots\cdots12\cdots\cdots$

를 분수로 고쳐 본다. 이때,

　　　$\dfrac{1}{99}=0.01010101\cdots\cdots01\cdots\cdots$

이라는 사실에 주의한다. 이 식의 양변에 12를 곱하면

　　　$\dfrac{12}{99}=0.12121212\cdots\cdots12\cdots\cdots$

즉, $\dfrac{4}{33}=0.12121212\cdots\cdots12\cdots\cdots$

이다. 이런 형태로

　　　$\dfrac{1}{999}=0.001001001\cdots\cdots001\cdots\cdots$

　　　$\dfrac{1}{9999}=0.00010001\cdots\cdots0001\cdots\cdots$

　　　　　　　　$\cdots\cdots$

등에 주의하면, 순환소수를 분수로 고칠 수 있다.

질문

　왜 1 + 1 = 2, 2 + 1 = 3일까. 1 + 1 = 2, 2 + 1 = 0과 같은 수학은 만들 수 없을까?

> **회답**

만들 수 있다. 그러기 위해서 우선, 그림과 같이 0시, 1시, 2시밖에 없고 더욱이 짧은 침밖에 없는 시계를 생각한다. 그리고 나서 다음의 문제를 순서대로 생각해 보아라.

지금 0시이다. 지금부터 0시간, 1시간, 2시간이 경과하면 몇 시일까? 답은 물론 각각 0시, 1시, 2시이다. 이것을 우리들은

0시, 1시, 2시밖에 없는 시계

$0+0=0$

$0+1=1$

$0+2=2$

라고 쓰기로 한다.

제2장 '계산'은 왜 그럴까 | 69

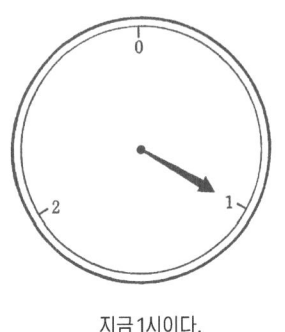

지금 1시이다.

지금 1시이다. 지금부터 0시간, 1시간, 2시간이 경과하면 각각 몇 시일까? 시계를 보면서 생각해 보면 답은 1시, 2시, 0시인 것을 알 수 있다.

우리들은 이것을

1 + 0 = 1

1 + 1 = 2

1 + 2 = 0

이라고 쓰기로 한다.

지금 2시이다. 지금부터 0시간, 1시간, 2시간이 경과하면 각각 몇 시일까?

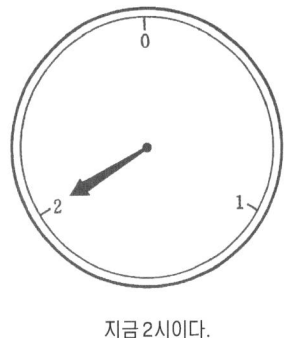

지금 2시이다.

이것을 시계를 보면서 잘 생각해 보면 답은 각각 2시, 0시, 1시이다. 이것을

2 + 0 = 2

2 + 1 = 0

2 + 2 = 1

이라고 쓰기로 한다.

그렇게 하면, 0, 1, 2라는 3개의 수 사이에 덧셈법칙을 알 수 있으므로, 이것을 표로 만들어 보면 다음 그림과 같다.

보는 바와 같이 이 수학에서는

$1 + 1 = 2$

$2 + 1 = 0$

이 된다.

다음은 곱셈인데,

$0 \times 0 = 0$

$1 \times 0 = 0$

$2 \times 0 = 0$

$0 \times 1 = 0$

$1 \times 1 = 1$

$2 \times 1 = 2$

는 좋다. 또 $0 \times 2 = 0$도 틀림이 없다. 다음에

$1 \times 2 = 1 + 1 = 2$

또,

$2 \times 2 = 2 + 2 = 1$

이다.

+	0	1	2
0	0	1	2
1	1	2	0
2	2	0	1

덧셈법칙

×	0	1	2
0	0	0	0
1	0	1	2
2	0	2	1

곱셈법칙

그렇다면, 0, 1, 2라는 3개의 수 사이의 곱셈법칙을 전부 알았기 때문에 이것을 표로 만들어 보면, 위 그림과 같게 된다.

이처럼 0, 1, 2라는 3개의 숫자밖에 없는 수학도 만들 수 있는 것이다.

질문

원주율 π값은 어떻게 구하는 것일까?

회답

최초로 생각할 수 있는 방법은, 하나의 원에 내접과 외접하는 정다각형을 생각하고 원주의 길이는 이 내접하는 정다각형 주의 길이와 외접다각형 주의 길이 사이에 있다는 사실을 이용하여 원주의 길이로부터 원주율의 값을 계산하는 방법이다.

이 방법으로 그리스의 수학자인 아르키메데스(Archimedes, 기원전 287~212)는 우선 원에 내접, 외접하는 정육각형을 만들고, 다음에 변의 수를 두 배씩 늘려갔다.

즉, 원에 내접, 외접하는 정십이각형, 정이십사각형, 정사십팔각형, 정구십육각형을 만들어서 원주율 π는

$$3\frac{10}{71} < \pi < 3\frac{1}{7}$$

즉,

3.1408…… $< \pi <$ 3.1428……

을 만족하고 있다는 것을 증명하였다. 따라서, 아르키메데스는 역사상 처음으로 원주율의 값을 소수점 이하 둘째 자리까지 구했던 것이다.

더욱이 인도의 수학자인 바스카라(1114~1185)는 원에 내접, 외접하는 정육각형으로부터 시작하여 변의 수를 6회나 두 배 해나가서, 결국 원

에 내접, 외접하는 정$6 \times 2^6 = 384$각형을 만들어

$$\pi = \frac{3927}{1250} = 3.1416\cdots\cdots$$

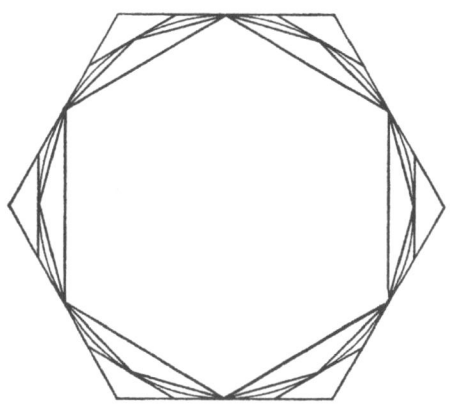

원에 내접, 외접하는 정육각형과 정십이각형

을 얻었다.

더욱이 아드리안 안리니스(1527~1607)는 원에 내접, 외접하는 정육각형에서부터 시작하여 변의 수를 8번이나 두 배 하여, 원에 내접, 외접하는 정$6 \times 2^8 = 1536$각형을 만들어

$$\frac{333}{106} < \pi < \frac{377}{120}$$

을 얻었다.

여기에서 그는 원주율의 근삿값을 얻기 위하여 제일 왼쪽과 오른쪽 변의 분자의 평균값

$$(333+377) \div 2 = 355$$

를 분자로 하고 분모의 평균값

$$(106+120) \div 2 = 113$$

을 분모로 하는 분수

$$\frac{355}{113}$$

를 만들었다. 이 근삿값은 1, 1, 3, 3, 5, 5처럼 숫자가 줄지어 있으므로 외우기 쉽다. 그렇지만,

$$\frac{355}{113} = 3.141592\cdots\cdots$$

이므로 소수점 이하 6자리까지 맞아서, 매우 좋은 근삿값이다.

더욱이, 독일의 수학자민 루돌프는 원주를 계속해서 2등분하여 결국 원에 내접, 외접하는 정2^{62} = 4611686018427387904각형을 만들어 이것을 이용하여 원주율의 값을

$$\pi = 3.14159265358979323846264338327950288\cdots\cdots$$

과 같이 소수점 이하 제35자리까지 계산하였다.

원에 내접, 외접하는 정다각형을 이용하여 원주율을 계산하는 방법에서는 이만큼의 계산을 하는 것도 실은 대단한 것이다. 루돌프는 이 방법으로 원주율을 소수점 이하 제35자리까지 계산하는 데 그의 일생을 바쳤던 것이다. 그래서 그는 죽을 때, 원주율의 값을 그의 묘의 비석에 새겨주도록 유언을 하였다. 그래서 독일에서는 원주율을 '루돌프의 수'라고 부르

루돌프의 유언

고 있을 정도이다.

이 원주율의 값은 일본의 수학자도 계산하고 있다. 위와 같은 방법으로 예를 들면, 세키(關孝和, 1642~1708)는 원주율의 값을 소수점 이하 제24자리까지, 다케베(建部賢弘, 1664~1739)는 제41자리까지 정확하게 구했다.

이처럼 원에 내접, 외접하는 정다각형을 이용하는 방법에서는 소수점 이하 제40자리 정도까지 계산하는 게 고작이다. 그런데, 17세기에 들어와서 뉴턴과 라이프니츠에 의하여 미분적분학이 발견되고, 거기에 동반하여 원주율을 무한급수를 써서 나타내는 공식이 차례차례 발견되었다. 이로써 원주율의 계산이 보다 용이하게 되었고, 원주율의 계산 경쟁은 전보다도 훨씬 심해져 갔다.

처음 이 새로운 방법에 대해서 장을 연 사람이 그레고리(1638~1675)였다. 그는

$$\frac{\pi}{4} = 1 - \frac{1}{3} + \frac{1}{5} - \frac{1}{7} + \frac{1}{9} - \frac{1}{11} + \cdots\cdots$$

이라는 무한급수를 발견하였다. 이 공식은 또한,

$$\frac{\pi}{8} = \frac{1}{1\cdot 3} + \frac{1}{5\cdot 7} + \frac{1}{9\cdot 11} + \cdots\cdots$$

로도 고쳐 쓸 수 있다.

이런 종류의 공식을 써서 원주율의 값을 계산하는 경우에는 이 무한급수가 되도록이면 빨리 일정한 값에 가까워지는 것, 즉, 이 무한급수가 되도록이면 빨리 수렴하는 것이 바람직하다. 하지만 아깝게도 최초로 발견된 이 무한급수는 수렴 상태가 꽤나 완만하기 때문에, 원주율의 값을 계산하는 데 적절하지는 못하였다.

그렇더라도 샤프(1651~1742)는 이 공식을 조금 변형하여 1699년에 원주율의 값을 무려 소수점 이하 제71자리까지 정확하게 구했다. 이것은 원에 내접, 외접하는 정다각형을 써서는 부술 수 없는 벽을 처음으로 부숴 버린 결과였다.

이렇게 해서 원주율을 계산하기 위한 하나의 새로운 방법이 발견되었지만, 이 방법을 이용하여 원주율을 계산하려고 할 때에는

(1) 생각하고 있는 무한급수가 되도록 빨리 수렴할 것.

(2) 계산이 용이할 것.

이라는 사실이 바람직하기 때문에, 원주율의 계산 경쟁은 이 두 개의 조건을 만족하는 무한급수를 찾는 경쟁으로 바뀌어 갔다.

한편, 이들 두 개의 조건을 만족하는 급수로서 오일러는

$$\frac{\pi}{4} = \frac{1}{2} - \frac{1}{3}\left(\frac{1}{2}\right)^3 + \frac{1}{5}\left(\frac{1}{2}\right)^5 - \frac{1}{7}\left(\frac{1}{2}\right)^7 + \cdots\cdots$$
$$+ \frac{1}{3} - \frac{1}{3}\left(\frac{1}{3}\right)^3 + \frac{1}{5}\left(\frac{1}{3}\right)^5 - \frac{1}{7}\left(\frac{1}{3}\right)^7 + \cdots\cdots$$

을 발견하였다.

이상의 그레고리와 오일러의 발견이 동기가 되어 원주율의 계산에 적합한 무한급수가 차례차례로 발견되었다. 우선, 마틴(1685~1751)은 그레고리의 무한급수를 변형하여 다음과 같은 무한급수를 얻었다.

$$\frac{\pi}{4} = 4\left\{\frac{1}{5} - \frac{1}{3}\left(\frac{1}{5}\right)^3 + \frac{1}{5}\left(\frac{1}{5}\right)^5 - \frac{1}{7}\left(\frac{1}{5}\right)^7 + \cdots\cdots\right\}$$
$$- \left\{\frac{1}{239} - \frac{1}{3}\left(\frac{1}{239}\right)^3 + \frac{1}{5}\left(\frac{1}{239}\right)^5 - \frac{1}{7}\left(\frac{1}{239}\right)^7 + \cdots\cdots\right\}$$

이 무한급수는 오일러의 무한급수보다도 훨씬 빨리 수렴하므로 원주율의 계산에 상당히 편하다. 마틴은 이 공식을 이용하여 원주율의 값을 소수점 이하 제100자리까지 구하였다.

또 라니(1660~1734)는 무한급수를 사용하여 원주율의 값을 소수점 이하 제112자리까지 계산하였다.

이렇게 하여 무한급수를 이용하는 원주율의 계산 경쟁은 계속되었는데, 그 중요한 결과를 들어보면 다음과 같다.

베가	1794년	소수점 이하	제136자리까지
라자포드	1841년	〃	152 〃
다제	1844년	〃	200 〃
크라우젠	1847년	〃	248 〃
라자포드	1853년	〃	440 〃
리히터	1855년	〃	500 〃
샹크스	1873년	〃	707 〃

　리히터와 샹크스의 계산은 소수점 이하 제500자리까지는 분명히 서로 맞다. 그런데, 제2차 세계대전이 끝난 잠시 후였던 1945년에 영국의 아턴왕립해군대학의 훼럭이라는 사람이 이 샹크스의 계산을 다시 해 본 결과, 소수점 이하 제528자리에서 착오가 있다는 사실을 발견하였다.

　한편, 원주율의 값을 원에 내접, 외접하는 정다각형을 이용하는 방법으로 계산한 것은 루돌프의 예가 암시하듯이 소수점 이하 제40자리 가까이까지 구하는 것이 고작이다. 또한, 원주율의 값을 구하는 데 무한급수를 이용하는 방법이 발견되었지만, 이것도 종이와 연필을 가지고 계산한 것으로서는 샹크스의 예가 나타내는 바와 같이 소수점 이하 제500자리나 그것을 조금 넘는 정도가 고작이다.

　그런데, 여기에 전자계산기라는 기계가 등장하였다. 1949년, 미국의 수학자들이 전자계산기에 원주율의 계산을 명령해 본 결과, 72시간 뒤에 원주율의 값을 소수점 이하 제2037자리까지 계산하는 데 성공했다.

　그 이후, 원주율의 값은 무한소수를 이용하여 전자계산기로 계산을 계

속해 본 결과 현재로서 소수점 이하 제50만 자리까지 계산이 되어 있는 상황이다.[1]

> 질문

tan90°는 왜 무한대일까?

> 회답

지금 x축과 θ만큼의 각을 이루는 동경이 반지름 r인 원과 만나는 점을 P, P의 좌표를 (x, y)라 하면,

$$\tan\theta = \frac{y}{x}$$

이다.

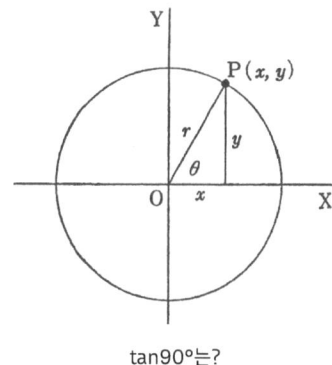

tan90°는?

---

1 2025년 현재, 원주율 값은 슈퍼컴퓨터를 사용하여 소수점 이하 제202조 자리까지 계산되었다.(편집자주)

여기에서, θ를 90°보다 작은 쪽으로부터 무한히 90°에 가까이 보내보면, $\theta \to 90°-0$이라 한다. 이때, x는 양으로

$x \to 0, \ y \to r$

이다. 따라서, $\tan\theta = \dfrac{y}{x}$는 양으로서 한없이 커진다.

또한, θ를 90°보다 큰 쪽에서부터 90°에 가까이 보내보면, $\theta \to 90°+0$이라 한다. 이때 x는 음으로

$x \to 0, \ y \to r$

이다. 따라서, $\tan\theta = \dfrac{y}{x}$는 음으로서 그의 절댓값이 얼마든지 커진다.

이상을 우리들은

$$\lim_{\theta \to 90°} \tan\theta = \infty$$

로 표기한다. 이것을

$\tan 90° = \infty$

로 나타내는 것은 어디까지나 약기법(略記法)으로 그다지 훌륭한 표현법은 아니다. 왜냐하면, $\theta = 90°$일 때 tan는 정의를 할 수 없는데, 위의 식은 마치 존재해서 ∞라는 수와 같은 것처럼 보이기 때문이다.

만일, 말로써 $\tan 90°$는 ∞라고 말한다면, 그것은 위의 의미, 즉, θ가 90°에 가까워질 때 $\tan\theta$의 절댓값은 얼마든지 커진다는 의미이다.

(질문)

e는 어떻게 구할까?

회답

미적분학에서

$$e^x = 1 + \frac{x}{1!} + \frac{x^2}{2!} + \frac{x^3}{3!} + \cdots\cdots$$

이라는 사실이 알려져 있다. 여기에서 $x = 1$이라 하면,

$$e = 1 + \frac{1}{1!} + \frac{1}{2!} + \frac{1}{3!} + \cdots\cdots$$

가 된다. e는 이 식을 이용하여 구한다.

질문

$e = \lim_{n \to \infty} \left(1 + \frac{1}{n}\right)^n$ 을 밑으로 하는 로그를 왜 자연로그라 할까?

회답

우선,

$$\lim_{n \to \infty} \left(1 + \frac{1}{n}\right)^n = e$$

에서 $\frac{1}{n} = h$라 두면

$$\lim_{n \to \infty} (1 + h)^{\frac{1}{h}} = e$$

라고 쓸 수 있다. e를 밑으로 하는 대수를 $\log$라고 표시하면,

$$\frac{\log(1+h)}{h} = \log(1+h)^{\frac{1}{h}}$$

인데, 여기에서 $h \to 0$이라면

$$\lim_{h \to 0} \frac{\log(1+h)}{h} = \lim_{h \to 0} \log(1+h)^{\frac{1}{h}} = \log e$$

따라서,

$$\lim_{h \to 0} \frac{\log(1+h)}{h} = 1$$

이다. 여기에서,

$$\log(1+h) = x, \quad 즉\ h = e^x - 1$$

이라 두면,

$$1 = \lim_{h \to 0} \frac{\log(1+h)}{h} = \lim_{x \to 0} \frac{x}{e^x - 1}$$

따라서, $\lim_{x \to 0} \frac{e^x - 1}{x} = 1$을 얻는다. 그런데 여기에서,

$$y = e^x$$

의 미분계수 y'을 구해 본다.

$$y' = \lim_{h \to 0} \frac{e^{x+h} - e^x}{h} = e^x \lim_{h \to 0} \frac{e^h - 1}{h} = e^x$$

따라서,

$$y = e^x 라면\ y' = e^x$$

이다. 또,

$y = \log x$

의 미분계수를 구해 본다.

$$\begin{aligned} y' &= \lim_{h \to 0} \frac{\log(x+h) - \log x}{h} \\ &= \lim_{h \to 0} \frac{1}{h} \log\left(1 + \frac{h}{x}\right) \\ &= \frac{1}{x} \lim_{h \to 0} \frac{x}{h} \log\left(1 + \frac{h}{x}\right) \\ &= \frac{1}{x} \lim_{\frac{x}{h} \to 0} \log\left(1 + \frac{h}{x}\right)^{\frac{x}{h}} \\ &= \frac{1}{x} \log e \\ &= \frac{1}{x} \end{aligned}$$

따라서,

$y = \log x$ 라면 $y' = \frac{1}{x}$

이다.

 이와 같이, 간단한 공식이 얻어진 것은 대수의 밑으로 e를 썼기 때문이다. e 이외의 밑을 사용하면, 공식은 보다 복잡하게 된다. 이런 의미에서 e를 밑으로 하는 대수를 자연로그라고 부른다. 이상으로부터 상상할 수 있듯이, 미적분학과 같은 이론을 전개할 때에는 e를 밑으로 하는 대수를 사용하고, 실제의 수치계산에는 10을 밑으로 하는 상용로그를 사용한다.

질문

컴퓨터에서는 왜 2진법이 사용되고 있을까?

회답

우선 2진법의 설명부터 시작해 보자. 2진법은 하나의 자리가 두 개 모이면 한자리를 더 올려 수를 세는 방법이다. 따라서 처음은 1이지만 그 다음 2는

$$\begin{array}{r} 1 \\ +1 \\ \hline 10 \end{array}$$

이라고 쓴다. 2다음의 3은

$$\begin{array}{r} 10 \\ +\ 1 \\ \hline 11 \end{array}$$

이라고 쓴다. 다음의 4는,

$$\begin{array}{r} 11 \\ +\ 1 \\ \hline 100 \end{array}$$

이라고 쓴다.

이러한 형태로 10진법의 1, 2, 3, 4, 5, 6, ……을 2진법으로 표현해 보면, 다음과 같다.

10진법	1	2	3	4	5	6	7	8
2진법	1	10	11	100	101	110	111	1000

10진법	9	10	11	12	13	14
2진법	1001	1010	1011	1100	1101	1110

　보는 바와 같이 10진법으로 수를 나타내는 데에는 1, 2, 3, 4, 5, 6, 7, 8, 9, 0이라는 10개의 숫자를 필요로 하지만, 2진법에서는 1, 0 두 개의 숫자만 있으면 충분하다.

　그런데, 전기적인 방법으로 수를 나타내려고 할 때에는 전류가 통하고 있는 상태와 전류가 흐르지 않는 상태를 조합하는 것밖에 없다. 거기에서 수를 2진법으로 나타내기로 했는데, 1을 전류가 흐르는 상태, 0을 전류가 흐르지 않는 상태로 나타내면 충분하기 때문이다.

제3장

기하학의 여기가 알고 싶다

> 질문

1회전을 360°로 하고, 1°를 60′, 1′을 60″로 나누는 이유를 가르쳐 주세요.

> 회답

고대 바빌로니아 사람들은 1년을 360일이라고 생각하였다. 거기에서 그들은 원주 전체를 360등분하고 그중의 하나가 하루에 해당한다고 생각하였다.

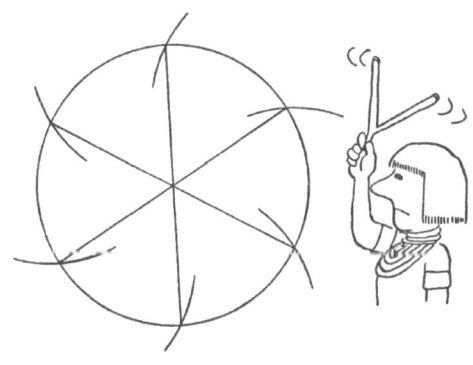

바빌로니아인의 지혜

그런데, 바빌로니아의 벽화 등으로부터 상상해 볼 때, 바빌로니아 사람들은 어떤 반지름의 원을 그리고, 그 반지름으로 원주를 차례차례 끊어가면 6번째에 다시 원래 자리로 돌아온다는 사실을 알고 있었던 게 아닌가 생각된다.

360의 6분의 1은

제3장 기하학의 여기가 알고 싶다 | 89

$$360 \div 6 = 60$$

이므로, 이 사실로부터 바빌로니아 사람들은 이 60이라는 수를 매우 중요한 수라고 생각했던 모양이다.

그 사실로부터 사람들은 1회전을 360등분한 하나, 즉 1°를 더욱이 세분하고자 할 때에는 1°를 60으로 나누어 1′이라 하였다. 즉,

$$1° = 60′$$

이다. 그래서 이것을

partes minutae primae(제1의 작은 부분)라고 불렀다. 현재, 1′, 즉 1분을 1 minute라고 부르는 것이 이 사실로부터 온 것이다.

사람들은 이 1′을 더욱 세분하여, 1′을 60으로 나누어 1″라 하였다. 즉,

$$1′ = 60″$$

이다. 이것을

partes minutae secondae(제2의 작은 부분)라고 불렀다. 현재 1″, 즉 1초를 1 second라고 부르는 것도 여기에서 온 것이다.

질문

삼각형 내각의 합은 왜 180°일까?

회답

평면상의 유클리드 기하에서는 한 직선 l과 그 위에 있지 않은 점 P가

주어졌을 때, P를 지나 *l*에 평행한 직선은 오직 하나밖에 그을 수 없다고 가정한다.

이렇게 가정하면, 평행한 두 직선에 제3의 직선이 만나서 만드는 엇각(그림의 α와 β)은 같다는 사실이 증명된다. 따라서, 삼각형 내각의 합이 180°라는 것이 다음과 같이 증명 된다.

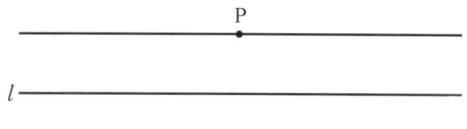

P를 지나 *l*과 평행한 직선은 오직 하나뿐이다.

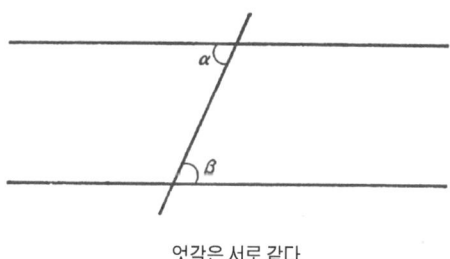

엇각은 서로 같다.

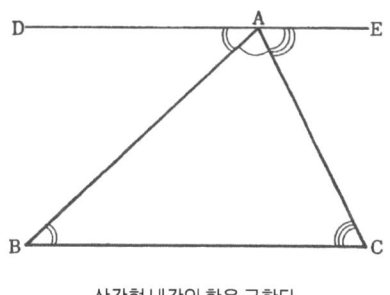

삼각형 내각의 합을 구한다.

임의의 삼각형 ABC의 한 정점 A를 지나 변 BC에 평행한 직선 DE를 그으면, 위 사실에 의하여

∠B = ∠DAB

∠C = ∠EAC

이다. 따라서,

∠A + ∠B + ∠C = ∠BAC + ∠DAB + ∠EAC

= ∠DAE

= 180°

이다. 만일, 평면상에 한 직선과 그 위에 있지 않은 점 P가 주어질 경우

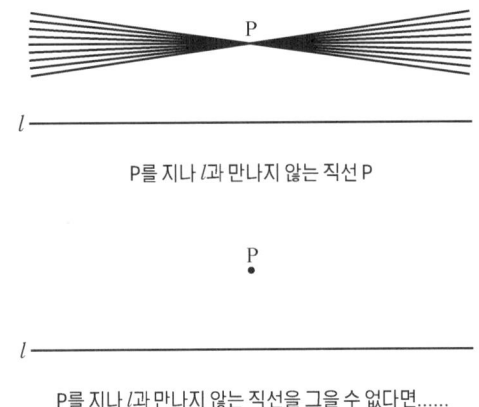

P를 지나 *l*과 만나지 않는 직선 P

P를 지나 *l*과 만나지 않는 직선을 그을 수 없다면……

점 P를 지나 *l*과 만나지 않는 직선은 무수히 많이 그을 수 있다고 가정하면 삼각형 내각의 합은 180°보다 작게 된다.

만일, 평면상에 한 직선 *l*과 그 위에 있지 않은 점 P가 주어질 때, 점 P를

지나 l과 만나지 않는 직선은 하나도 그을 수 없다고 가정하면 삼각형 내각의 합은 180°보다 크게 된다.

> 질문

주어진 원과 같은 넓이를 갖는 사각형은 만들 수 없을까?

> 회답

주어진 원의 반지름을 a라 하면, 그의 면적은 πa^2이다. 또 정사각형 한 변의 길이를 x라 하면, 그의 면적은 x^2이다. 따라서, 주어진 원과 같은 면적을 갖는 정사각형의 한 변 x는

$$x^2 = \pi a^2$$

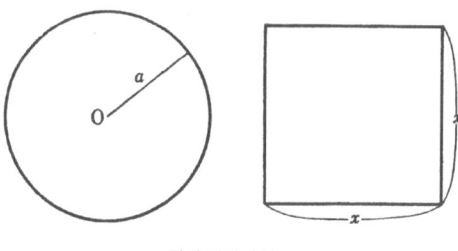

원과 정사각형

을 만족해야 한다. 따라서 이 사실로부터

$$x = \sqrt{\pi} a$$

를 얻는다.

예를 들면, 고대 이집트 사람들은 반지름 a인 원과 넓이가 같은 정사각형을 작도할 때, 원의 지름 $2a$의 $\frac{8}{9}$, 즉,

$$2a \times \frac{8}{9} = \frac{16}{9}a$$

를 한 변으로 하는 정사각형을 만들면 된다고 말하고 있다. 이것은

$$\sqrt{\pi} = \frac{16}{9}$$

즉,

$$\pi = \left(\frac{16}{9}\right)^2 = \frac{256}{81} = 3.160\cdots\cdots$$

이라고 생각했다. 그러나 만일 주어진 원과 같은 넓이를 갖는 정사각형을 자와 컴퍼스를 사용하여 작도하라 한다면 이것은 작도 불능인 문제라는 사실이 알려져 있다.

질문

임의의 각을 자와 컴퍼스를 써서 3등분하는 것은 왜 불가능할까?

회답

임의로 주어진 각을 XOY라 하고, 그의 정점 O를 중심으로 하는 반지름 2인 원을 그리고 OX, OY와의 교점을 각각 A, B라 하자. 또 B에서 OA

에 내린 수선의 발을 E라 한다.

각 XOY가 주어졌다는 것은

OE = a

가 주어졌다는 것이다.

지금, 각 XOY의 3등분선이 이 원과 만나는 점을 A에서

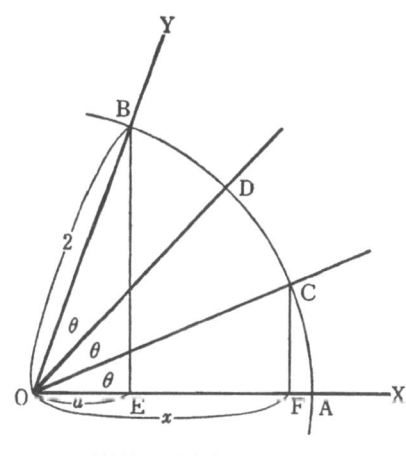

임의로 주어진 각을 3등분한다.

가까운 쪽으로부터 C, D라 하고, C에서 OX에 내린 수선의 발을 F라 한다. 그렇게 하면,

OF = x

의 길이를 알면, ∠XOY의 3등분선은 그을 수 있게 된다.

한편,

∠XOY = 3θ, ∠XOC = θ

라 두면,

$$\cos 3\theta = \frac{a}{2}, \quad \cos\theta = \frac{x}{2}$$

이다. 이것을 유명한 3배각의 공식

$$\cos 3\theta = 4\cos^3\theta - 3\cos\theta$$

에 대입하면,

$$\frac{a}{2} = 4\left(\frac{x}{2}\right)^3 - 3 \cdot \frac{x}{2}$$

즉,

$$x^3 - 3x - a = 0$$

을 얻는다.

임의로 주어진 각을 3등분하여라 하는 문제는 임의로 주어진 a에 대하여 이 방정식을 만족하는 x를 구하는 문제이다.

그런데 우리들은 자와 컴퍼스를 써서 이러한 x를 찾는 것이 가능한지 아닌지를 생각하고 있지만, 거기에 관하여 다음의 정리가 알려져 있다.

[정리]　유리수를 계수로 하는 3차방정식

$$x^3 + px^2 + qx + r = 0$$

이 만일 유리수의 해를 갖지 않으면, 이 방정식은 자와 컴퍼스로써 작도할 수 있는 해를 갖지 않는다.

따라서, 임의로 주어진 각을 자와 컴퍼스를 써서 3등분하는 것이 불가능하다는 사실을 보이기 위해서는 유리수 a에 대하여, 3차방정식

$$x^3 - 3x - a = 0$$

이 유리수의 해를 갖지 않는다는 것을 보이면 충분하다.

만일, 주어진 각이 60°라면, 이 a의 값은 1이 된다. 여기서 우리들은 $a=1$이라는 값에 대하여, 3차방정식

$$x^3 - 3x - 1 = 0$$

이 유리수의 해를 갖지 않는다는 것을 증명한다. 그렇게 하면, 위의 정리에 의하여 60°라는 각은 자와 컴퍼스를 써서 3등분하는 것은 불가능하다는 사실을 증명한 것이 된다.

3차방정식

$$x^3 - 3x - 1 = 0$$

이 유리수의 해

$$x = \frac{u}{v} \quad (u, v \text{는 정수})$$

를 가진다고 가정하고 거기로부터 모순이 발생한다는 사실을 보인다. 단, 여기에서 u와 v는 서로 약수를 갖지 않는다. 즉, $\frac{u}{v}$는 기약분수(既約分數)라 가정한다. x의 값을 위의 3차방정식에 대입하면

$$\left(\frac{u}{v}\right)^3 - 3\left(\frac{u}{v}\right) - 1 = 0$$

즉,

$$u^3 - 3uv^2 - v^3 = 0$$

을 얻는다. 그런데, 이 식은 다음의 두 가지 형태로 다시 쓸 수 있다. 즉,

$$u^3 = v(3uv + v^2)$$

과

$$v^3 = u(u^2 - 3v^2)$$

이다. 여기에서 첫째 식

$$u^3 = v(3uv + v^2)$$

은 v가 +1이 아니면 -1이어야 한다는 것을 나타내고 있다. 왜냐하면 +1도 -1도 아니었다면, v는 +1, -1 이외의 소수 p로써 나누어질 것이기 때문이다.

즉, $v = v'p$

로 되는 정수 v'이 존재할 것이다. 따라서, 위 식은

$$u^3 = v'p(3uv + v^2)$$

이 되기 때문에 이것은 u^3이 p로써 나누어지는 것, 즉, u 자신이 p로써 나누어짐을 나타내고 있다. 그러나 이것은 u와 v가 서로 약수를 갖지 않는다는 가정에 모순이다. 따라서 v는 +1 아니면 -1이어야 한다.

같은 모양으로, 두 번째 식

$$v^3 = u(u^2 - 3v^2)$$

은 u도 +1 아니면 -1이어야 한다는 것을 말하고 있다.

이상의 얘기를 종합해 볼 때, u도 v도 +1 아니면 -1 즉, $x = +1$ 또는 $x = -1$이어야 한다는 결론이다. 그러나 이 $x = +1$도 $x = -1$도

$$x^3 - 3x - 1 = 0$$

을 만족시키지 못한다. 이 모순은 이 방정식이

$$x = \frac{u}{v}$$

라는 유리수의 해를 갖는다는 가정으로부터 생긴 것이다. 따라서, 이 3차 방정식은 유리수의 해를 가질 수 없다. 이상의 고찰과 위의 정리에 의하여 3차방정식

$$x^3 - 3x - 1 = 0$$

은 자와 컴퍼스로 작도할 수 있는 해를 가질 수 없다는 사실을 알았다. 즉, 60°라는 각은 자와 컴퍼스로써 3등분할 수 없다.

질문

피타고라스 정리의 증명 방법은 여러 가지가 있다는데, 그것을 가르쳐 주세요.

회답

우선, 피타고라스 정리라는 것은 '직각삼각형에서, 직각을 낀 두 변 위에 그린 정사각형의 넓이의 합은 빗변 위에 그린 정사각형의 넓이와 같다' 라는 정리이다. 즉, C를 직각을 낀 꼭짓점으로 하는 직각삼각형 ABC에서

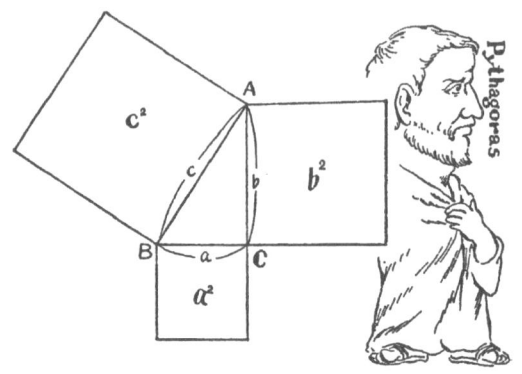

피타고라스의 정리

BC = a, CA = b, AB = c

라 두면,

$a^2 + b^2 = c^2$

이라는 정리이다. 그 증명 방법 중 몇 개를 소개해 보자.

(1) 이것은 거의 모든 중학교의 교과서에 실려 있는 것이다.

우선, 한 변의 길이가 $a+b$인 정사각형을 그리고 그것을 증명 1의 왼쪽 그림과 같이 자르면, 그중에는 a를 한 변으로 하는 정사각형 한 개, b를 한 변으로 하는 정사각형 한 개 그리고 원래의 직각삼각형이 네 개 들어 있다.

다음에, 한 변의 길이가 $a+b$인 정사각형을 증명 1의 오른쪽의 그림과 같이 자르면, 이 그림 가운데에는 빗변을 한 변으로 하는 정사각형 한 개와 원래의 직각삼각형 네 개가 들어 있다.

그런데, 이들 두 개의 큰 정사각형은 넓이가 당연히 같기 때문에, 원래

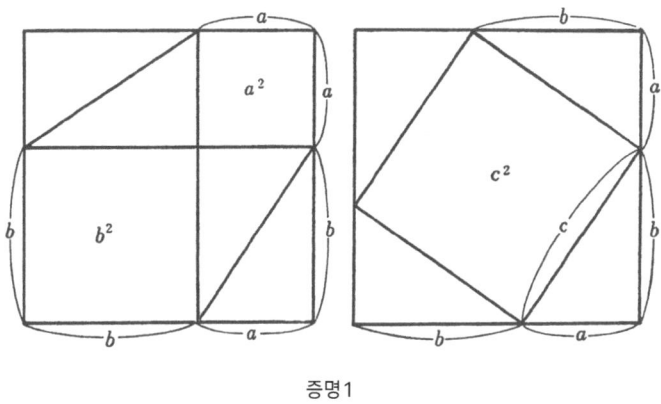

증명1

의 직각삼각형 네 개분을 빼면

$a^2 + b^2 = c^2$

이라는 사실을 알 수 있다. 이것은 피타고라스 자신이 직접 한 증명이 아닌가 전해지고 있다.

(2) 우선, 직각삼각형 ABC의 직각을 낀 변 BC 위에 만들어진 정사각형을 BCDE, 변 AC 위에 만들어진 정사각형을 ACFG, 빗변 AB 위에 만들어진 정사각형을 ABJK라 하고, 정점 C에서 변 AB 위에 내린 수선이 AB와 만나는 점을 H, CH의 연장선이 JK와 만나는 점을 I라 한다.

이때, 삼각형 ABE를 점 B 둘레에 직각만큼 회전하여 삼각형 JBC와 겹치도록 할 수 있다. 따라서,

△ABE = △JBC

그런데,

$$\triangle ABE = \frac{1}{2}(\square BCDE)$$

$$\triangle JBC = \frac{1}{2}(\square JIHB)$$

이므로

정□ BCDE = 직□ JIHB

똑같은 방법으로,

정□ ACFG = 직□ AHIK

이들 두 개의 식을 더하여

정□ BCDE + 정□ ACFG = 정□ ABJK

이것은 유클리드에 의하여 주어진 증명법이다.

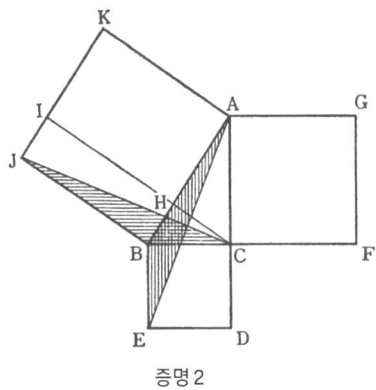

증명 2

(3) 앞의 (2)와 똑같은 것을 다음과 같이 고쳐 쓸 수 있다.

E를 지나 BA에 평행하게 그은 직선이 AC와 만나는 점을 L, J를 지나 BC에 평행하게 그은 직선이 IC와 만나는 점을 M이라 한다. 이때, 평행사

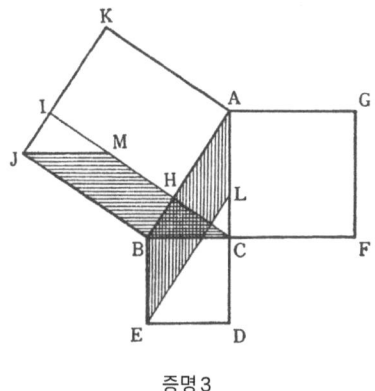

증명 3

변형 ABEL을 점 B의 둘레에 90°만큼 회전하면 평행사변형 JBCM과 겹치게 된다. 따라서,

　　평행사변형 ABEL = 평행사변형 JBCM

그런데,

　　평행사변형 ABEL = 정□ BCDE

　　평행사변형 JBCM = 직□ JBHI

이므로

　　정□ BCDE = 직□ JBHI

똑같은 방법으로,

　　정□ ACFG = 직□ AHIK

이들 두 식을 더하면

　　정□ BCDE + 정□ ACFG = 정□ ABJK

위의 두 개의 증명에서 나온

정□BCDE = 정□JBHI

정□ACFG = 직□AHIK

는 각각

$BC^2 = BH \cdot BA$

$AC^2 = AH \cdot AB$

로도 쓸 수 있는데 이것들은 유클리드의 정리라고 불리기도 한다.

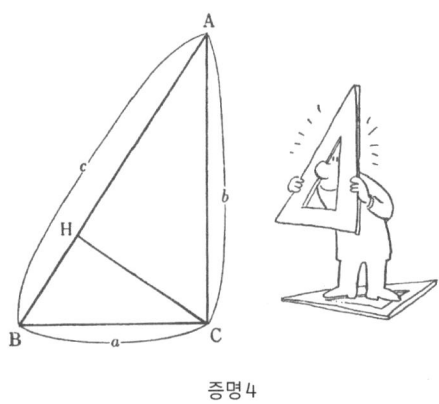

증명 4

(4) 이 유클리드의 정리는 닮은 삼각형의 성질을 이용하여 다음과 같이도 증명할 수 있다.

　직각삼각형 ABC의 직각정점 C에서 빗변 AB에 내린 수선의 발을 H라 하면, 삼각형 BHC와 삼각형 BCA와는 하나의 각 B를 공유하는 두 개의 직각삼각형이므로 서로 닮음이다. 즉,

△BHC ∽ △BCA

여기에서

$$\frac{BC}{BH} = \frac{AB}{BC}$$

따라서 $BC^2 = BH \cdot AB$ ①

똑같은 방법으로,

$$\triangle AHC \infty \triangle ACB$$

이므로

$$\frac{AC}{AH} = \frac{AB}{AC}$$

따라서 $AC^2 = AH \cdot AB$ ②

①과 ②의 유클리드의 정리가 증명되면, ①과 ②를 더하여

$$BC^2 + AC^2 = (BH + AH)AB = AB^2$$

이다.

(5) 위의 증명에서,

$$\triangle BHC, \triangle AHC, \triangle ACB$$

는 모두 서로 닮은꼴인 것을 알았다. 따라서, 서로 닮은 삼각형의 넓이의 비는 대응변의 제곱비와 같다는 정리에 의하여,

$$\frac{a^2}{\triangle BHC} = \frac{b^2}{\triangle AHC} = \frac{c^2}{\triangle ABC}$$

그런데,

$$\triangle BHC + \triangle AHC = \triangle ABC$$

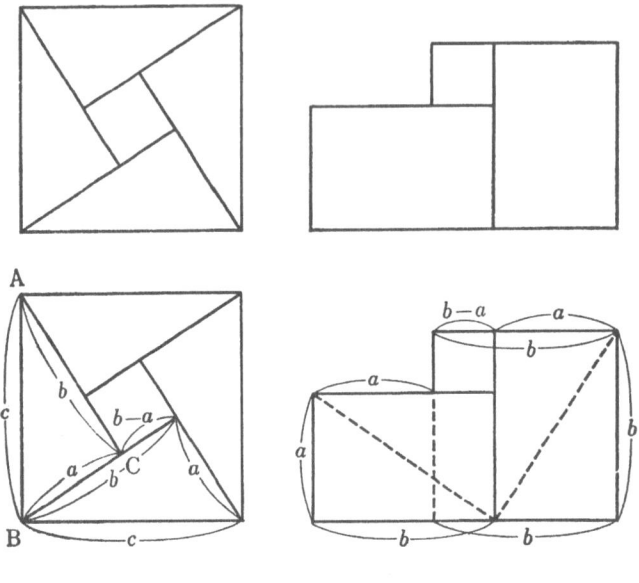

바스카라의 증명

이다. 따라서,

$a^2 + b^2 = c^2$

(6) 이 증명은 인도의 수학자인 바스카라의 증명인데, 그는 다음 그림의 두 개를 나란히 그리고 단지 "보시오"라고 말하고 있다.

이것이 피타고라스 정리의 증명이 된 것은 여기에 길이를 써넣고, 위의 그림과 같이 점선을 그어 보면 쉽게 알 수 있다. 즉, 왼쪽의 그림은 직각삼각형 ABC의 빗변 $AB = c$ 위에 그린 정사각형을 직각삼각형 네 개와 작은 정사각형으로 분할한 그림이다.

이것을 오른편 그림과 같이 바꿔놓으면, 그것은 BC = a를 한 변으로 하는 정사각형과 AC = b를 한 변으로 하는 정사각형을 더한 그림이 된다. 따라서,

$$c^2 = a^2 + b^2$$

이다.

(7) 이것은 중국의 매문정(梅文鼎, 1633~1721)과 일본의 다케베가 밝힌 증명법이다.

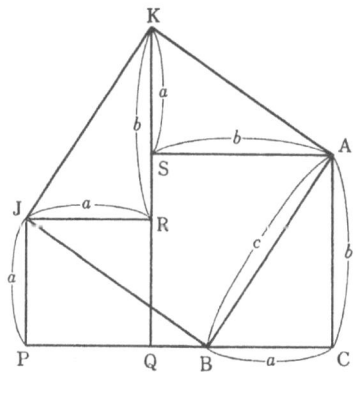

다케베와 매문정의 증명

우선, 직각삼각형 ABC의 빗변 AB 상에 정사각형 ABJK를 만든다.

다음에 점 J, K로부터 CB의 연장선에 내린 수선의 발을 각각 P, Q라 한다. 또 점 J, A로부터 직선 KQ에 내린 수선의 발을 각각 R, S라 한다.

그렇게 하면, 삼각형 AKS를 점 A의 둘레에 90°만큼 회전했을 때 삼각

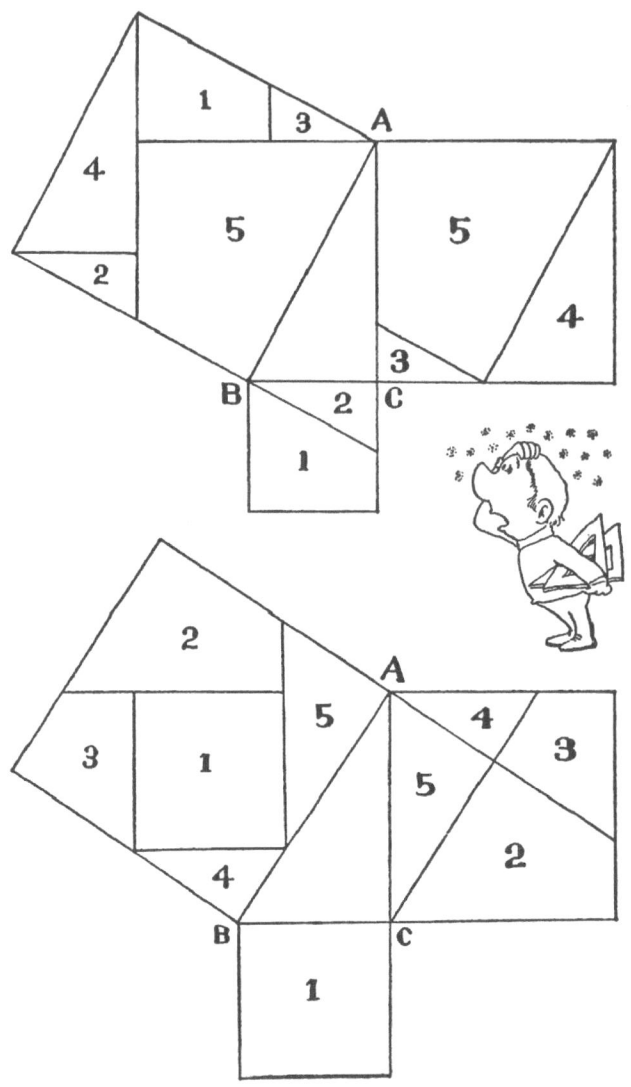

피타고라스 정리의 갖가지 증명(1)

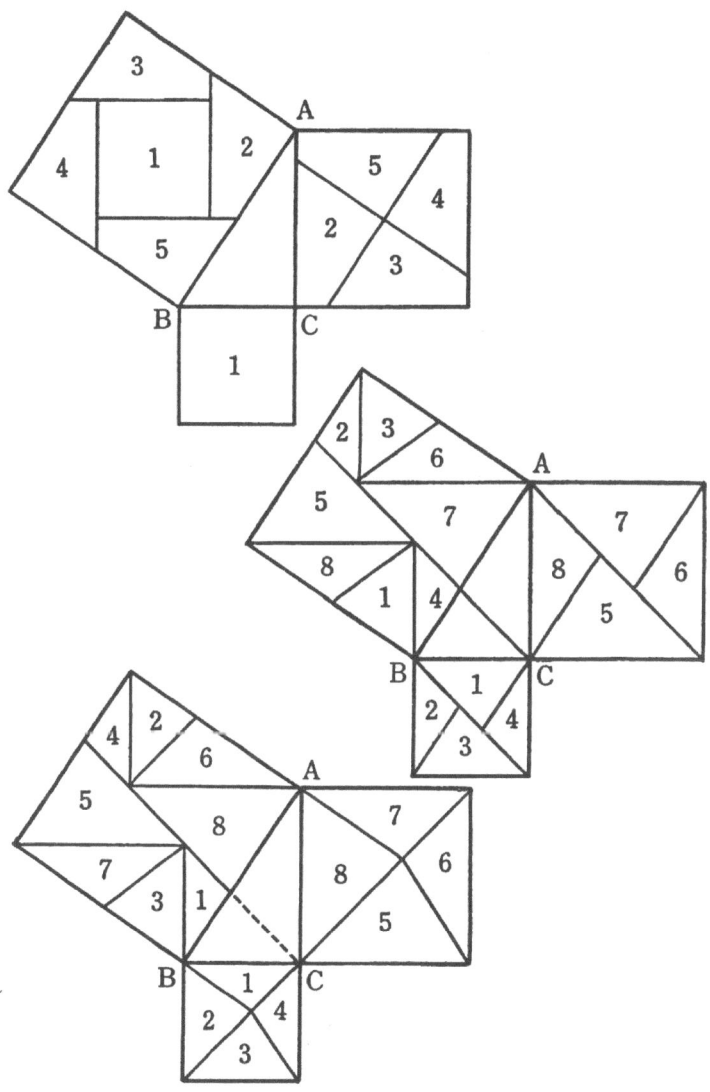

피타고라스 정리의 갖가지 증명(2)

형 ABC와 겹치게 되고, 삼각형 KJR을 점 J의 둘레에 90°만큼 회전하면 삼각형 BJP와 겹치게 된다.

따라서,

정□ ABJK = 도형 JPCASR

이다. 그런데,

도형 JPCASR = 정□ JPQR + 정□ SQCA

이므로

정□ ABJK = 정□ JPQR + 정□ SQCA

즉,

$c^2 = a^2 + b^2$

(8) 앞의 두 페이지에서, 직각을 낀 두 변 위에 그린 정사각형을 적당히 잘라서, 그것들로써 빗변 위에 정사각형을 메워 보이는 몇 가지 증명을 오야 씨가 지은 '피타고라스의 정리'에서 인용해 보았다.

이들은 직각을 낀 변 BC와 AC 위에 그린 정사각형을 그림과 같이 분할하여 그것들로써 빗변 AB 위에 그린 정사각형을 메운다는 의미이다.

> 질문

반지름 r인 원의 넓이가 πr^2인 이유를 설명해 주세요.

회답

여러 가지 설명법이 있지만 다음은 그중의 하나이다.

우선, 반지름 r인 원을 반지름으로 몇 개인가 등분한 후, 이것을 귤을 옆으로 고리 모양으로 썰어서 펼치는 요령으로 펼친다. 다음에 이것과 똑같은 것을 한 개 더 만들어 이들을 그림과 같이 맞물리게 한다.

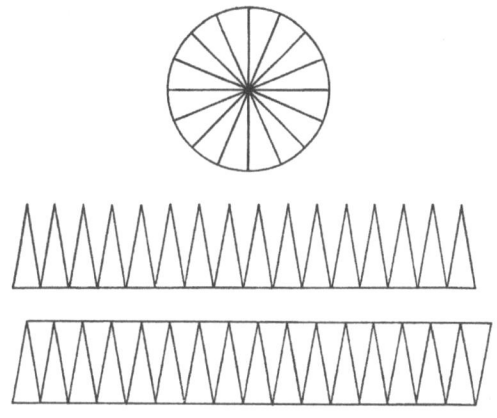

원을 등분으로 잘라서 펼친다.

이렇게 생각해 두고, 원을 등분하는 등분수를 한없이 증가시키면, 최후의 그림은 가로가 반지름 r의 길이이고 세로가 원주의 길이 $2\pi r$인 직사각형에 가까운 모양이 된다. 따라서, 그의 넓이는

$$r \cdot 2\pi r = 2\pi r^2$$

에 얼마든지 가까워진다. 생각하고 있는 원의 넓이는 이것의 반이므로

$$2\pi r^2 \div 2 = \pi r^2$$

이다.

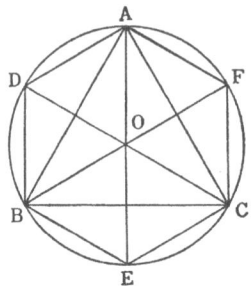 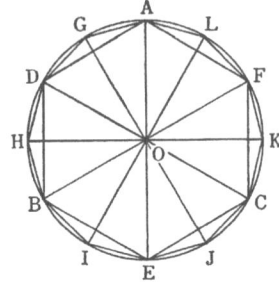

원에 내접하는 정육각형 　　　원에 내접하는 정십이각형

다음도 증명법 중의 하나이다. 우선, O를 중심으로 하고 반지름 r인 원에 정삼각형 ABC가 내접해 있을 때, 호 AB, BC, CA의 중점을 각각 D, E, F라 하면, 육각형 ADBECF는 이 원에 내접하는 정육각형이고

사각형 $ADBO = \frac{1}{2} AB \cdot r$

사각형 $BECO = \frac{1}{2} BC \cdot r$

사각형 $CFAO = \frac{1}{2} CA \cdot r$

이므로 이것들을 변변끼리 더하면

정육각형 $ADBECF = \frac{1}{2}(AB + BC + CA) \cdot r$

즉,

(정육각형의 넓이) $= \frac{1}{2}$ (정삼각형의 변의 길이) $\cdot r$

을 얻는다.

다음에 호 AD, DB, BE, EC, CF, FA의 중점을 각각 G, H, I, J, K, L이라 하면 십이각형 AGDHBIEJCKFL은 이 원에 내접하는 정십이각형이고

사각형 $AGDO = \dfrac{1}{2} AD \cdot r$

사각형 $DHBO = \dfrac{1}{2} DB \cdot r$

사각형 $BIEO = \dfrac{1}{2} BE \cdot r$

사각형 $EJCO = \dfrac{1}{2} EC \cdot r$

사각형 $CKFO = \dfrac{1}{2} CF \cdot r$

사각형 $FLAO = \dfrac{1}{2} FA \cdot r$

이므로 이것들을 변변 더하면,

정십이각형 $AGDHBIEJCKFL = \dfrac{1}{2}(AD + DB + BE + EC + CF + FA) \cdot r$

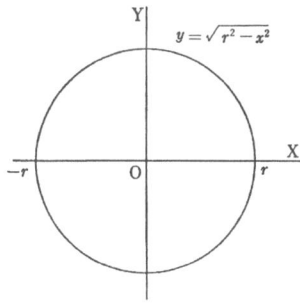

정적분을 사용하여 고찰한다.

즉,

$$(정십이각형의 넓이) = \frac{1}{2}(정육각형의 변의 길이) \cdot r$$

을 얻는다. 이러한 조작을 끝없이 계속하면, 위 식의 좌변은 원의 넓이에 가까워지고, 우변의 괄호 안은 원주의 길이에 가까워지기 때문에

$$(원의 넓이) = \frac{1}{2}(원주의 길이) \cdot r$$

따라서,

$$(원의 넓이) = \frac{1}{2}(2\pi r) \cdot r = \pi r^2$$

을 얻는다.

만일 정적분을 써도 좋다면, 그림에서 알 수 있듯이 정적분
$$I = \int_{-r}^{+r} \sqrt{r^2 - x^2}\, dx$$
를 계산하여 두 배하면 되는 것이다.

$$x = r \cdot \sin\theta \quad \left(-\frac{\pi}{2} \leq \theta \leq \frac{\pi}{2}\right)$$

라 두면, 생각하는 범위 안에서

$$\sqrt{r^2 - x^2} = \sqrt{r^2 - x^2 \cdot \sin\theta} = r \cdot \cos\theta$$

또,

$$dx = r \cdot \cos\theta d\theta$$

이므로

$$I = \int_{-\frac{\pi}{2}}^{+\frac{\pi}{2}} r^2 \cdot \cos^2\theta d\theta$$

$$= \frac{r^2}{2}\int_{-\frac{\pi}{2}}^{+\frac{\pi}{2}}(1+\cos2\theta)d\theta$$

$$= \frac{r^2}{2}[\theta + \frac{1}{2}\sin2\theta]_{-\frac{\pi}{2}}^{+\frac{\pi}{2}}$$

$$= \frac{1}{2}\pi r^2$$

따라서, 원의 S는 두 배하여

$$S = 2I = \pi r^2$$

이 된다.

질문

반지름 r인 구면의 겉넓이가 $4\pi r^2$으로 되는 이유를 설명해 주세요.

회답

설명을 하기 위하여, 우선 다음 준비를 해 둔다. 평면상에 선분 CD와 이것과 만나지 않는 직선 g가 주어져 있을 때, 선분 CD를 직선 g의 둘레에 1회전을 시키면, 다음 그림에 나타나 있는 스탠드의 덮개와 같은 곡면이 생긴다.

선분 CD의 중점 M에서, CD에 세운 수선이 직선 g와 만나는 점을 O, 점 C, D에서부터 직선 g에 내린 수선의 발을 각각 E, F라 하면, 이 곡면의 옆넓이는

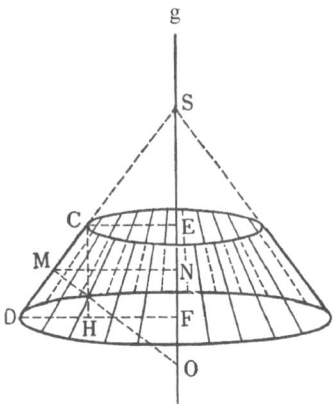

선분 CD를 직선 g둘레에 1회전시킨다.

$(2\pi \cdot \text{OM}) \cdot \text{EF}$

라는 것을 나타낸다.

지금 선분 DC의 연장과 직선 g와의 교점을 S라 하면, S를 정점, DF를 반지름으로 하는 원을 밑면으로 갖는 직원뿔의 옆넓이는

$\dfrac{1}{2}(2\pi \cdot \text{DF}) \cdot \text{DS} = \pi \cdot \text{DF} \cdot \text{DS}$ 이다.

또, S를 정점, CE를 반지름으로 갖는 원을 밑면으로 하는 직원뿔의 옆넓이는

$\dfrac{1}{2}(2\pi \cdot \text{CE}) \cdot \text{CS} = \pi \cdot \text{CE} \cdot \text{CS}$ 이다.

따라서, 생각하는 곡면의 옆넓이는

$(*) \pi \cdot \text{DF} \cdot \text{DS} - \pi \cdot \text{CE} \cdot \text{CS}$

로 주어진다. 그런데,

$$\frac{DS}{DF} = \frac{CS}{CE} = \frac{DS - CS}{DF - CE} = \frac{CD}{DF - CE}$$

즉,

$$DS = \frac{DF}{DF - CE} \cdot CD, \quad CS = \frac{CE}{DF - CE} \cdot CD$$

이므로, 이것을 (∗)에 대입하면,

$$\pi \cdot \frac{DF^2}{DF - CE} \cdot CD - \pi \cdot \frac{CE^2}{DF - CE} \cdot CD = \pi(DF + CE) \cdot CD$$

이다.

한편, EF의 중점을 N이라 하면,

DF + CE = 2MN

이므로 (∗)는 다시

(∗∗) $(2\pi \cdot MN) \cdot CD$

로 고쳐 쓸 수 있다.

또한 C에서 DF에 내린 수선의 발을 H라 하면,

$$\frac{MN}{OM} = \frac{CH}{CD} = \frac{EF}{CD}$$

이기 때문에,

MN · CD = OM · EF

따라서, (∗∗) 즉, 생각하는 곡면의 옆넓이로도 쓸 수 있게 된다. 여기에서

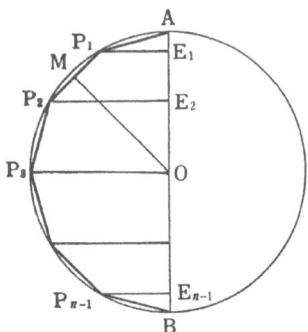

AB를 지름으로 하는 반원주를 AB의 둘레에 1회전시킨다.

준비는 끝낸다.

자, AB를 지름으로 하는 반원주를 점 $P_1, P_2, \cdots\cdots, P_{n-1}$로 n등분하고, 절선 $AP_1, P_2, \cdots\cdots, P_{n-1}B$를 지름 AB의 둘레에 1회전하여 얻어지는 곡면을 생각한다.

점 $P_1, P_2, \cdots\cdots, P_{n-1}$에서 지름 AB에 내린 수선의 발을 각각 $E_1, E_2, \cdots\cdots, E_{n-1}$이라 하고, 원의 중심 O에서 이 절선 다각형의 한 변에 내린 수선의 길이를 OM이라 하면, 이 회전면의 겉넓이는 위에서 증명한 사실에 의해

$(2\pi \cdot OM) \cdot AE_1, \ (2\pi \cdot OM)E_1E_2 \cdots\cdots, (2\pi \cdot OM) \cdot E_{n-1}B$

를 전부 더한

$(2\pi \cdot OM)(AE_1 + E_1E_2 + \cdots\cdots + E_{n-1}B)$

즉,

$(2\pi \cdot OM) \cdot AB$

로 주어진다.

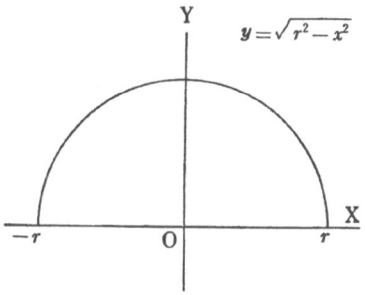

정적분을 써서 생각한다.

여기에서 n을 무한히 크게 할 때, 생각하는 회전면은 무한히 구면에 가까워져 OM은 한없이 원의 반지름 r에 가까워진다.

따라서, 반지름 r인 구면의 겉넓이는

$$(2\pi \cdot r)(2r) = 4\pi r^2$$

으로 주어진다.

정적분을 써도 좋다고 하면, 반원

$$y = \sqrt{r^2 - x^2}$$

을 x축 둘레에 1회전시켜 얻어지는 구면의 겉넓이를 구하면 되므로, 위의 함수를 사용하여

$$S = 2\pi \int_{-r}^{+r} y\sqrt{1 + y'^2}\, dx$$

를 계산하면 된다.

그런데,

$$y' = \frac{-x}{\sqrt{r^2 - x^2}}$$

$$\sqrt{1+y'^2} = \sqrt{1+\frac{x^2}{r^2-x^2}} = \frac{r}{\sqrt{r^2-x^2}}$$

이므로,

$$S = 2\pi \int_{-r}^{+r} \sqrt{r^2-x^2} \cdot \frac{r}{\sqrt{r^2-x^2}} dx = 4\pi r^2$$

이 된다.

> 질문

각뿔과 원뿔의 부피는 밑넓이를 S, 높이를 h라 하면 $\frac{1}{3} S \cdot h$인 이유를 가르쳐 주세요.

> 회답

다음의 설명은 하나의 특별한 각뿔에 대한 설명에 지나지 않지만, 자주 사용되는 것 등의 하나이다.

우선 한 변의 길이가 a인 정육면체를 생각하고, 중심 O와 정육면체의 각 정점을 연결한다. 그렇게 하면, O를 정점으로 하고 정육면체의 각 면을 밑면으로 하는 사각뿔이 6개 생긴다. 그런데, 정육면체의 부피는 a^3이므로 하나하나의 부피는 $\frac{1}{6}a^3$이다. 그런데 이것은

$$\frac{1}{3} \cdot a^2 \cdot \left(\frac{1}{2}a\right)$$

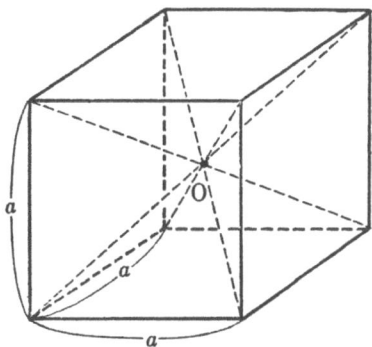

정육면체를 6개의 사각뿔로 분할한다.

로 고쳐 쓸 수 있는데, 이때 각 사각뿔의 밑면의 넓이 $S = a^2$, 높이 $h = \frac{1}{2}a$ 이므로, 위 식은

$$\frac{1}{3}S \cdot h$$

로 쓸 수 있고, 적어도 이 특수한 사각뿔에 대해서는

$$V = \frac{1}{3}S \cdot h$$

가 증명된다.

다음의 설명은, 카발리에리의 원리를 사용하는 설명이다. 카발리에리의 원리라 하는 것은 다음과 같다.

'일정한 방향을 갖는 평면에서 두 개의 입체를 자른 경우, 잘린 단면의 넓이가 항상 같다고 하면, 두 개의 입체의 부피는 같다.'

이것을 같은 평면상에 있어서 면적이 같은 밑면을 갖고 높이가 같은 두 개의 뿔면에 맞도록 넣어 본다.

이 경우, 이 두 개의 뿔면을 밑면에 평행한 평면으로 자르면, 잘린 단면의 넓이는 항상 같게 된다. 따라서 카발리에리의 원리에 의하여 다음 사실을 알 수 있다.

'밑넓이가 같고, 높이도 같은 두 개의 뿔면은 부피도 서로 같다.'

이상의 사실을 준비해 두고, 이번에는 직삼각주 ABC-DEF를 생각해 보자.

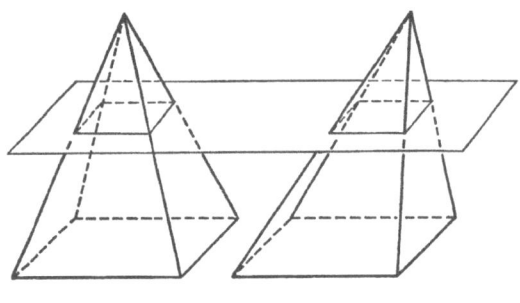

카빌리에리의 원리

그리고, 이것을 3개의 삼각뿔 ADEF, AEBF, ABCF로 나누었다고 생각하자. 이때, 삼각뿔 ADEF와 AEBF는 F를 공통인 정점, 삼각형 ADE와 AEB를 밑면으로 생각하면 밑면의 넓이는 같게 된다. 따라서 이들은 같은 부피를 갖게 된다.

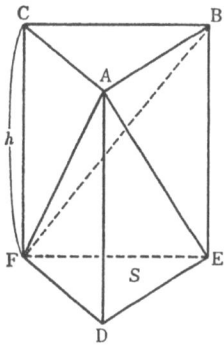
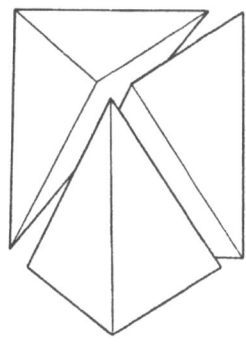

직삼각주 ABC-DEF를 생각한다.　　　　3개의 삼각뿔

또, 삼각뿔 AEBF와 ABCF는 A를 공통인 정점, 삼각형 EBF와 BCF를 밑면으로 생각하면 밑면의 넓이는 서로 같게 된다. 그런 까닭에 이들은 같은 부피를 갖게 된다.

따라서, 직삼각주 ABC-DEF를 3개의 삼각뿔 ADEF, AEBF, ABCF로 나누면 그들은 모두 같은 부피를 갖게 된다.

그런데 이 직삼각주의 밑넓이를 S, 높이를 h라 하면, 직삼각주의 부피는 $S \cdot h$이다. 따라서 예를 들면, 삼각주 ADEF의 부피는

$$\frac{1}{3} S \cdot h$$

로 주어진다.

이 사실을 알면, 밑넓이가 S, 높이가 h인 일반삼각뿔의 부피도 위의 공식으로 주어진다는 것을 알 수 있다.

또 밑넓이가 S, 높이가 h인 일반다각뿔의 부피도 밑면을 몇 개의 삼각

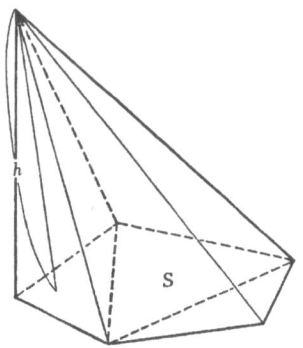

일반다각뿔의 부피도 밑면을 몇 개의 삼각형으로 나누어 생각하면 구할 수 있다.

형으로 나누어 생각하면, 위의 공식으로 주어진다는 것을 쉽게 알 수 있다.

원뿔에 대해서도 원뿔을 각뿔로 근사시켜 생각하면 그 부피에 대하여 같은 공식이 성립된다는 사실을 증명할 수 있다.

다음에, 삼각뿔의 밑넓이를 S, 높이를 h라 하면, 부피 V는

$$V = \frac{1}{3} S \cdot h$$

로 주어진다는 것을 구분구적법을 써서 증명해 보자.

먼저 삼각뿔 OABC를 생각하고 밑면 ABC의 넓이를 S, 높이 OH의 길이를 h라 하자.

그 다음에 높이 OH = h를 점 $P_1, P_2, \cdots\cdots, P_{n-1}$으로 등분하고 이들 분점을 지나 밑면에 평행한 평면을 만들어, 이 삼각뿔을 n개로 나눈다. 그렇게 하면, 단면에 나타나는 삼각형은 모두 삼각형 ABC와 닮은꼴이다. 그런데, 닮은꼴 삼각형의 넓이의 비는 대응변의 비의 제곱비와 같기 때문에,

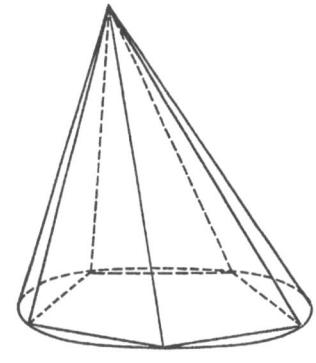

원뿔도 각뿔로 근사시켜 부피를 구할 수 있다.

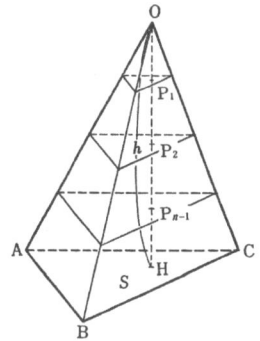

삼각뿔을 n개로 나눈다.

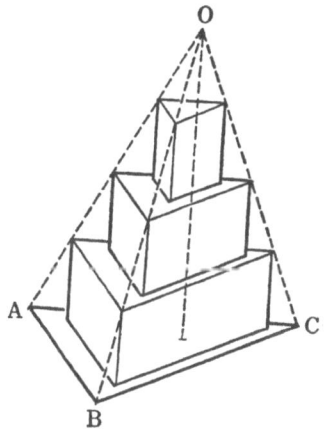

위에서 첫 번째, 두 번째, ……, $n-1$번째의 단면의 삼각형을 윗면으로 하고, $\frac{1}{2} \cdot h$를 높이로 하는 삼각뿔을 생각한다.

제일 위 단면의 삼각형의 넓이는 $S \cdot \left(\dfrac{1}{n}\right)^2$

위에서 두 번째 단면의 삼각형의 넓이는 $S \cdot \left(\dfrac{2}{n}\right)^2$

……

위에서 $n-1$번째 단면의 삼각형의 넓이는 $S \cdot \left(\dfrac{n-1}{n}\right)^2$으로 된다.

그런데 여기에서 제일 위, 위에서 두 번째, ……, 위에서 $n-1$번째의 단면의 삼각형을 윗면으로 하고, $\dfrac{1}{n} \cdot h$를 높이로 하는 삼각주를 생각하면, 이들 부피의 합은

$$S \cdot \left(\dfrac{1}{n}\right)^2 \cdot \dfrac{1}{n}h + S \cdot \left(\dfrac{2}{n}\right)^2 \cdot \dfrac{1}{n}h + \cdots\cdots$$
$$+ S \cdot \left(\dfrac{n-1}{n}\right)^2 \cdot \dfrac{1}{n}h$$
$$= \dfrac{1}{n^3} \cdot S\{1^2 + 2^2 + \cdots\cdots + (n-1)^2\}h$$

이다. 여기에서

$$1^2 + 2^2 + \cdots\cdots + (n-1)^2 = \dfrac{1}{6}n(n-1)(2n-1)$$

이라는 공식을 기억하고 있으면, 위의 양은

$$\dfrac{1}{n^3} \cdot S \cdot \dfrac{1}{6}n(n-1)(2n-1)h$$
$$= \dfrac{1}{6}S\left(1 - \dfrac{1}{n}\right)\left(2 - \dfrac{1}{n}\right)h$$

가 된다. 생각하고 있는 삼각뿔의 부피 V가 이것보다 큰 것은 당연하다.

다음, 제일 위, 위에서 두 번째, ……, 위에서 $(n-1)$번째의 단면과 밑면 ABC를 밑면으로 하고, $\dfrac{1}{n} \cdot h$를 높이로 하는 삼각주를 생각하면, 이들 부피의 합은

$$S \cdot \left(\frac{1}{n}\right)^2 \cdot \frac{1}{n}h + S \cdot \left(\frac{2}{n}\right)^2 \cdot \frac{1}{n}h + \cdots\cdots$$
$$+ S \cdot \left(\frac{n-1}{n}\right)^2 \cdot \frac{1}{n}h + S \cdot \left(\frac{n}{n}\right)^2 \cdot \frac{1}{n}h$$
$$= \frac{1}{n^3} \cdot S\{1^2 + 2^2 + \cdots\cdots + (n-1)^2 - n^2\}h$$

이다.

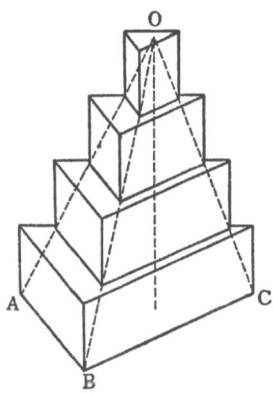

위에서 첫 번째, 두 번째, ……, n-1번째의 단면의 삼각형을 윗면으로 하고, $\frac{1}{n} \cdot h$를 높이로 하는 삼각뿔을 생각한다.

여기에서,

$$1^2 + 2^2 + \cdots\cdots + (n-1)^2 + n^2 = \frac{1}{6}n(n+1)(2n+1)$$

이라는 공식을 기억하면, 위의 양은

$$\frac{1}{n^3} \cdot S \cdot \frac{1}{6}n(n+1)(2n+1)h$$

$$= \frac{1}{6} S \left(1 + \frac{1}{n}\right)\left(2 + \frac{1}{n}\right) h$$

가 된다. 생각하고 있는 삼각뿔의 부피 V가 이것보다 작다는 것은 명백하다. 이상의 사실을 종합하면, 우리는 부등식,

$$\frac{1}{6} \cdot S \left(1 - \frac{1}{n}\right)\left(2 - \frac{1}{n}\right) h < V < \frac{1}{6} \cdot S \cdot \left(1 + \frac{1}{n}\right)\left(2 + \frac{1}{n}\right) h$$

를 증명한 것이다.

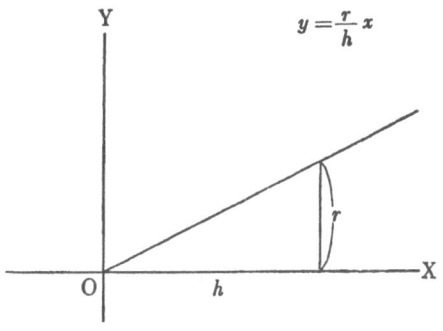

정적분을 써서 생각한다.

여기에서 n을 무한히 크게 하면, 이 부등식의 제일 좌변은

$$\frac{1}{6} \cdot S \left(1 - \frac{1}{n}\right)\left(2 - \frac{1}{n}\right) h \rightarrow \frac{1}{3} S \cdot h$$

이고 제일 우변은

$$\frac{1}{6} \cdot S \left(1 + \frac{1}{n}\right)\left(2 + \frac{1}{n}\right) h \rightarrow \frac{1}{3} S \cdot h$$

가 되므로

$$V = \frac{1}{3} \cdot S \cdot h$$

가 아니면 안 된다.

마지막으로, 정적분을 써서 원뿔의 부피를 구해 보자. 거기에는 선분

$$y = \frac{r}{h}x \quad (0 \leq x \leq h)$$

를 x축의 둘레에 1회전하여 얻어지는 입체의 부피

$$V = \pi \int_0^h y^2 dx$$

를 계산하면 된다. 그런데, 이것은

$$V = \frac{\pi r^2}{h^2} \int_0^h x^2 dx = \frac{\pi r^2}{h^2} \cdot \frac{1}{3} \cdot h^3 = \frac{1}{3} \pi r^2 h$$

이다.

따라서 밑면의 넓이가

$$S = \pi r^2$$

인 사실에 주의하면

$$V = \frac{1}{3} \cdot S \cdot h$$

가 되는 것을 알 수 있다.

질문

반지름이 r인 구면의 부피가 $\frac{4}{3}\pi r^3$인 이유를 설명해 주세요.

회답

여러 가지 설명 방법이 있다고 생각되지만, 제일 손쉽게 이 공식을 생각해 내는 데 유효한 방법을 소개해 보자.

거기에는 우선, 추모양의 부피는 밑넓이와 높이를 곱하여 3으로 나눈 것이라는 사실을 기억한다.

그리고 나서 구면을 굉장히 작은 부분으로 나누어 구면의 중심 O를 정점으로 하고, 이들을 밑으로 하는 뿔모양을 생각하면, 높이는 구면의 반지름 r이다. 이들 부피 전체를 더한 것이 구면의 부피 V이므로

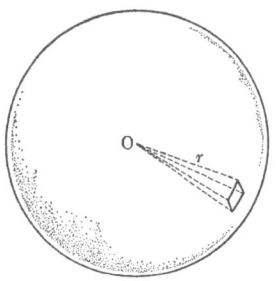

구면을 굉장히 작은 부분으로 나누어 본다.

$V = \frac{1}{3}$(작은 밑면의 넓이를 더한 것) $\cdot r$

$ = \frac{1}{3}$(구면의 겉넓이) $\cdot r$

$$= \frac{1}{3}(4\pi r^2) \cdot r$$
$$= \frac{4}{3}\pi r^3$$

이다.

다음 두 번째 방법은 카발리에리의 원리를 이용하는 것이다. 여기에서 카발리에리의 원리라 하는 것은

'일정한 방향을 갖는 평면으로 두 개의 입체를 자른 경우, 그 단면의 넓이가 항상 같았다면, 두 입체의 부피는 서로 같다' 라는 것이다.

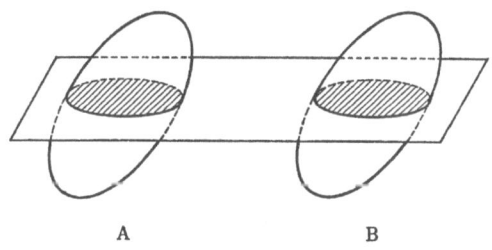

카발리에리의 원리

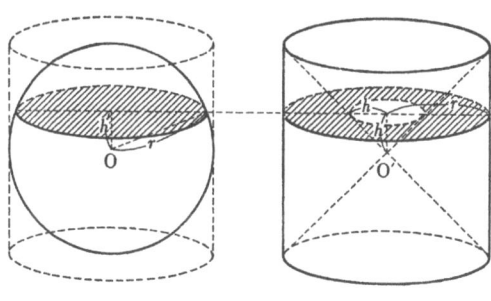

구면에 외접하는 직원주

자, 먼저 중심이 O이고 반지름이 r인 구면을 하나 생각하자. 그리고 131쪽 두 번째 그림의 왼쪽과 같이, 구면에 외접하는 직원주를 생각한다.

다음에, 이 구면의 중심 O를 밑면에 평행하게 이동하여 131쪽 두 번째 그림의 오른쪽을 생각한다. 그러고 나서 O′을 정점으로 하고, 이 직원주의 윗면과 아랫면을 밑면으로 하는 직원뿔을 뺀 것을 생각한다. 이렇게 하여 얻어진 두 개의 그림을 밑면에 평행하게 O, O′에서 거리가 h만큼 떨어진 곳에 있는 평면으로 자른다. 그렇게 하면, 처음 그림의 단면에는 반지름이

$$\sqrt{r^2-h^2}$$

인 원이 나타난다. 따라서, 이 단면의 넓이는

$$\pi(\sqrt{r^2-h^2})^2 = \pi(r^2-h^2)$$

이다.

또, 두 번째 그림의 단면에는 반지름이 r과 h인 두 개의 동심원의 사이 부분이 나타난다. 따라서 이 단면의 넓이는

$$\pi r^2 - \pi h^2 = \pi(r^2-h^2)$$

이다.

따라서, 단면의 넓이는 이 경우에 있어서는 항상 같다. 이상의 사실로부터 카발리에리의 원리에 의하여 구면의 부피는 오른쪽 그림의 입체의 부피와 같게 된다.

자, 이 경우에 직원주 전체의 부피는 밑면의 넓이 πr^2과 높이 $2r$을 곱한

$$\pi r^2 \cdot 2r = 2\pi r^3$$

이다. 그런데 O′을 정점으로 하고, 아랫면을 밑면으로 하는 직원뿔의 부피는

$$\frac{1}{3}(\pi r^2) \cdot r = \frac{1}{3}\pi r^3$$

이다. 또, O′을 정점으로 하고 윗면을 밑면으로 하는 직원뿔의 부피도

$$\frac{1}{3}(\pi r^2) \cdot r = \frac{1}{3}\pi r^3$$

이다.

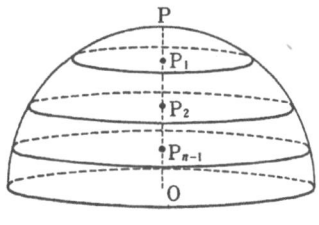

반지름 OP를 n등분한다.

생각하는 입체의 부피는 직원주 전체의 부피 $2\pi r^3$에서 이들을 뺀 것이므로

$$2\pi r^3 - \frac{1}{3} \cdot \pi r^3 - \frac{1}{3}\pi r^3 = \frac{4}{3}\pi r^3$$

이 된다.

이것이 반지름 r인 구면의 부피인 것이다.

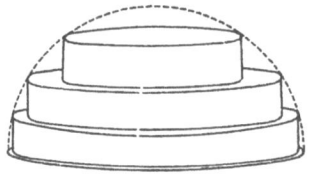

밑에서 첫 번째, 두 번째, ..., $n-1$번째의 단면을 윗면으로 하고, $\frac{1}{n} \cdot r$을 높이로 하는 직원주

이제 구분구적법을 사용하여 설명해 보자.

우선, 반지름이 r인 반구(半球)를 생각하여, 그의 중심 O에서 밑면에 수직인 반지름 OP를 세운다.

다음에, 반지름 OP를 점 $P_1, P_2, ..., P_{n-1}$로 n등분하고, 이들 각 등분점을 지나 밑면에 평행한 평면으로 이 반구를 자른다. 이 경우, 단면은 전부 원인데, 밑면의 넓이는, πr^2

밑에서 첫 번째의 단면의 넓이는 $\pi\left\{r^2 - \left(\frac{1}{n}r\right)^2\right\}$

밑에서 두 번째의 단면의 넓이는 $\pi\left\{r^2 - \left(\frac{2}{n}r\right)^2\right\}$

......

밑에서 $n-1$번째의 단면의 넓이는 $\pi\left\{r^2 - \left(\frac{n-1}{n}r\right)^2\right\}$이 되어 있다.

밑에서 첫 번째, 두 번째, ..., $n-1$번째의 단면을 윗면으로 하고, $\frac{1}{n} \cdot r$을 높이로 하는 직원주를 생각하면 그들의 부피의 합은,

$$\pi\left\{r^2 - \frac{1}{n^2}r^2\right\} \cdot \frac{1}{n}r + \pi\left\{r^2 - \frac{2^2}{n^2}r^2\right\} \cdot \frac{1}{n}r + ...$$
$$+ \pi\left\{r^2 - \frac{(n-1)^2}{n^2}r^2\right\} \cdot \frac{1}{n}r$$

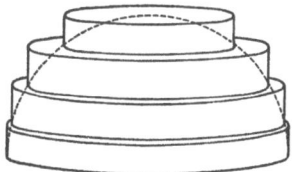

밑면, 아래에서 첫 번째, 두 번째, ……, $n-1$번째의 단면을 아랫면으로 하고, $\dfrac{1}{n} \cdot r$을 높이로 하는 직원주

즉,

$$\frac{1}{n}\pi r^3 \left\{ (n-1)^2 - \frac{1^2 + 2^2 + \cdots + (n-1)^2}{n^2} \right\}$$

이다. 여기에서

$$1^2 + 2^2 + \cdots + (n-1)^2 = \frac{1}{6}n(n-1)(2n-1)$$

이라는 공식을 기억하고 위 식에 대입하면

$$\frac{1}{n}\pi r^3 \left\{ (n-1) - \frac{1}{6n}(n-1)(2n-1) \right\}$$
$$= \pi r^3 \left(1 - \frac{1}{n}\right)\left\{1 - \frac{1}{6}\left(2 - \frac{1}{n}\right)\right\}$$

을 얻는다. 생각하는 반구의 부피는 이것보다 크다.

다음에 밑면, 아래에서 첫 번째, 두 번째, ……, $n-1$번째의 단면을 아랫면으로 하고 $\dfrac{1}{n} \cdot r$을 높이로 하는 직원주를 생각하면, 그들 부피의 합은

$$\pi\left\{r^2 - \frac{1}{n^2}r^2\right\}\cdot\frac{1}{n}r + \pi\left\{r^2 - \frac{2^2}{n^2}r^2\right\}\cdot\frac{1}{n}r + \cdots$$
$$+ \pi\left\{r^2 - \frac{(n-1)^2}{n^2}r^2\right\}\cdot\frac{1}{n}r$$

즉,

$$\frac{1}{n}\pi r^3 \left\{ (n-1)^2 - \frac{1^2 + 2^2 + \cdots + (n-1)^2}{n^2} \right\}$$

이다. 마찬가지로

$$1^2 + 2^2 + \cdots + (n-1)^2 = \frac{1}{6}n(n-1)(2n-1)$$

을 대입하면

$$\frac{1}{n}\pi r^3 \left\{ n - \frac{1}{6n}(n-1)(2n-1) \right\}$$
$$= \pi r^3 \left\{ 1 - \frac{1}{6}\left(1 - \frac{1}{n}\right)\left(2 - \frac{1}{n}\right) \right\}$$

을 얻는다. 이것은 생각하고 있는 반구의 부피보다 큰 것이 당연하다.

이상의 두 사실을 요약하면, 반지름 r인 구면의 부피는

$$\pi r^3 \left(1 - \frac{1}{n}\right)\left\{1 - \frac{1}{6}\left(2 - \frac{1}{n}\right)\right\} < (\text{반구의 부피}) < \pi r^3 \left\{1 - \frac{1}{6}\left(1 - \frac{1}{n}\right)\left(2 - \frac{1}{n}\right)\right\}$$

이라는 부등식을 얻을 수 있다. 여기에서 n을 한없이 커지게 할 때,

$$\pi r^3 \left(1 - \frac{1}{n}\right)\left\{1 - \frac{1}{6}\left(2 - \frac{1}{n}\right)\right\} \to \frac{2}{3}\pi r^3$$
$$\pi r^3 \left\{1 - \frac{1}{6}\left(1 - \frac{1}{n}\right)\left(2 - \frac{1}{n}\right)\right\} \to \frac{2}{3}\pi r^3$$

으로 되기 때문에, 이 사실로부터

반구의 부피 = $\dfrac{2}{3}\pi r^3$

이라는 공식을 얻는다. 따라서,

구면의 부피 = $\dfrac{4}{3}\pi r^3$

이 된다.

마지막으로, 정적분을 사용하여 설명해 본다. 거기에는 곡선 $y = f(x)$ ($a \leq x \leq b$이고, $f(x)$는 연속)와 두 직선 $x = a$, $x = b$ 및 x축으로 둘러싸인 부분을 x축의 둘레에 1회전시켜서 얻어지는 입체의 부피는

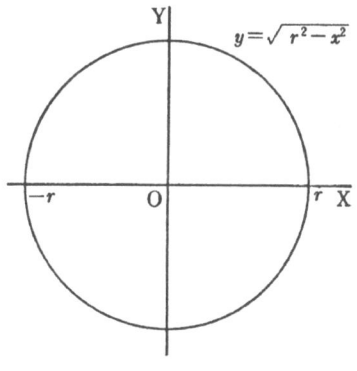

정적분을 써서 생각한다.

$\pi\int_{a}^{b} f(x)^2 dx$

라는 공식을 반원

$y = \sqrt{r^2 - x^2}$ ($-r \leq x \leq r$)

에 적용하면 되는 것이다. 즉,

$$\pi \int_{-r}^{+r} (r^2 - x^2) dx$$
$$= \pi [r^2 x - \frac{1}{3} x^3]_{-r}^{+r}$$
$$= 2\pi [r^3 - \frac{1}{3} r^3]$$
$$= \frac{4}{3} \pi r^3$$

이다.

질문

정다면체에는 정사면체, 정육면체, 정팔면체, 정십이면체, 정이십면체의 다섯 종류밖에 없다는데 그것은 왜 그런가?

회답

우선, 정다면체라는 것은 그의 각 면이 모두 합동인 정다각형이고, 더욱이 각 정점에서 생기는 정다면각도 모두 합동인 다면체라는 것을 기억한다. 그래서 우선, 각 면이 합동인 정삼각형인 정다면체에는 어떤 것이 있을까를 조사해 보자.

한 정점 S에 몇 개의 합동인 정삼각형

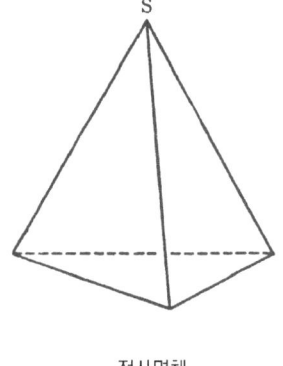

정사면체

을 모아 정다면각을 만드는데, 정삼각형의 한 내각은 60°이고 60° × 3 = 180° < 360°이므로 한 정점 S의 둘레에 합동인 삼각형을 세 개 모아서 하나의 정삼면각을 만들 수 있다.

이 그림에 또 하나의 합동인 정삼각형을 밑에서 더하면 이것으로 하나의 정다면체를 만들 수 있는데 이것이 바로 정사면체이다. 다음에,

$$60° \times 4 = 240° < 360°$$

이므로 한 정점 S의 둘레에 합동인 정삼각형을 네 개 모아서 하나의 정사면각을 만들 수 있다.

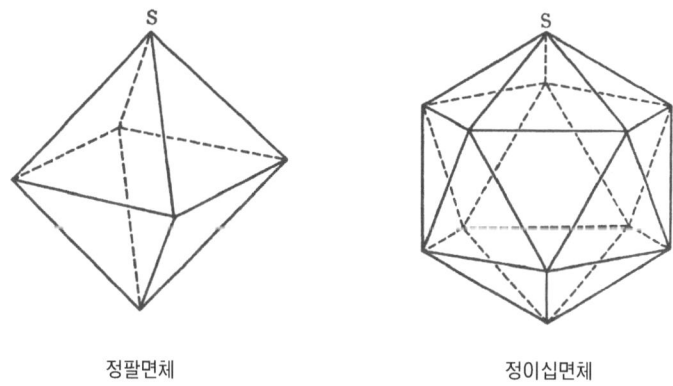

정팔면체 　　　　　정이십면체

이 그림에서 이것과 똑같은 것을 반대 측에서 붙이면 이것으로 하나의 정다면체를 만들 수 있는데 이것이 바로 정팔면체이다.

다음에,

$$60° \times 5 = 300° < 360°$$

이므로 한 정점 S의 둘레에 합동인 정삼각형 다섯 개를 모아 하나의 정오

면각을 만들 수 있다.

각 정점에서 이것과 같은 정오면각을 차례차례 만들어 가면 이것으로 하나의 정다면체가 만들어지는데 이것이 정이십면체이다.

다음에

$60° \times 6 = 360°$

이므로 한 정점 S의 둘레에 합동인 정삼각형 여섯 개를 모아 하나의 정다면각을 만들 수는 없다. 물론, 일곱 개 이상 모아 하나의 정다면각을 만드는 것도 불가능하다.

이상 조사한 바에 의하면, 각 면이 합동인 정삼각형인 정다면체는 정사면체, 정팔면체, 정이십면체 등 세 개뿐이라는 결론이 나온다.

이제 각 면이 합동인 정사각형인 정다면체에는 어떤 것이 있을까 조사해 보자.

한 정점 S의 둘레에 몇 개의 합동인 정사각형을 모아 정다면각을 만드는데, 정사각형 하나의 내각은 90°이고

$90° \times 3 = 270° < 360°$

이므로 한 정점 S둘레에 합동인 정사각형 세 개를 모아 하나의 정삼면각을 만들 수 있다.

이 그림에, 이것과 똑같은 것을 반대 측에서 덧붙이면 이것으로써 하나의 정다면체를 만들 수 있는데, 이것이 바로 정육면체이다.

다음에,

$90° \times 4 = 360°$

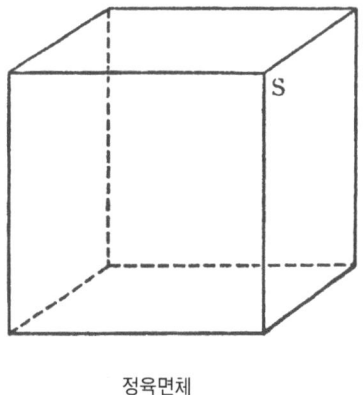

정육면체

이므로 한 정점 S의 둘레에 합동인 정사각형을 네 개 모아 한 정다면각을 만들 수는 없다. 물론 다섯 개 이상 모아서 하나의 정다면각을 만들 수도 없다.

이상 조사한 바에 의하면, 각 면이 합동이고 정사각형인 정다면체는 정육면체 하나뿐이라는 사실을 알 수 있다.

그 다음에, 각 면이 정오각형인 정다면체에는 어떤 것이 있을까 조사해 보자.

한 정점 S의 둘레에 몇 개의 합동인 정오각형을 모아서 정다면체를 만드는데, 정오각형의 한 내각은 108°이고

$$108° \times 3 = 324° < 360°$$

이므로 한 정점 S의 둘레에 합동인 정오각형을 세 개 모아서 하나의 정삼면각을 만들 수 있다. 각 정점에서 이것과 같은 정삼면각을 차례차례로 만들어 가면, 이것으로써 하나의 정다면체를 만들 수 있는데, 이것이 바로

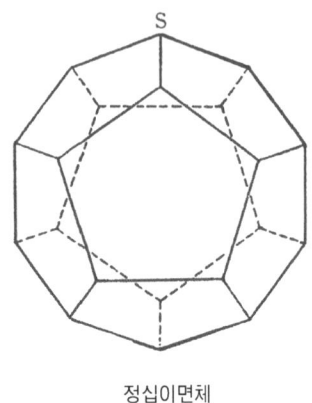

정십이면체

정십이면체이다.

다음에,

108° × 4 = 432° > 360°

이므로 한 정점 S의 둘레에 합동인 정오각형을 네 개 모아서 하나의 정다면각을 만들 수는 없다. 물론 다섯 개 이상 모아서 하나의 정다면각을 만들 수는 더욱 없다.

이상 조사한 바에 의하면, 각 면이 합동이고 정오각형인 정다면체는 정십이면체 하나뿐이라는 사실을 알았다.

또, 각 면이 합동이고, 정육각형인 정다면체를 만들 수 있는지 없는지를 조사해 보자.

한 정점 S의 둘레에 몇 개의 합동인 정육각형을 모아서 정다면체를 만드는데, 정육각형의 한 내각은 120°이고

120° × 3 = 360°

이므로 한 정점 S의 둘레에 합동인 정육각형 세 개를 모아 한 정삼면각을 만들 수는 없다. 물론 네 개 이상 모아서 한 정다면각을 만들 수도 없다.

한 정다각형의 내각의 크기는 그 변의 수와 함께 증가해 가기 때문에, 한 정점 S의 둘레에 합동인 정칠각형, 정팔각형, ……을 세 개, 또는 네 개 이상 모아서 정다면각을 만들 수가 없다.

이상 조사한 바에 따르면, 각 면이 정육각형, 정칠각형, 정팔각형, ……인 정다면체는 존재하지 않는다는 사실을 알았다.

이러한 사실을 종합하면, 정다면체에는 정사면체, 정육면체, 정팔면체, 정십이면체, 정이십면체의 다섯 종류밖에 없다는 사실을 알 수 있다.

질문

황금분할(黃金分割)은 어떻게 발견되었는가?

회답

황금분할이라는 이름은 후세에 붙인 것이지만, 그것을 처음 발견한 것은 그리스의 수학자 피타고라스(기원전 572~492)이다.

그는 먼저, 정오각형 ABCDE를 생각하였다. 대각선 AD와 BE의 교점을 P라 한다.

이때, 우선

BA = CD

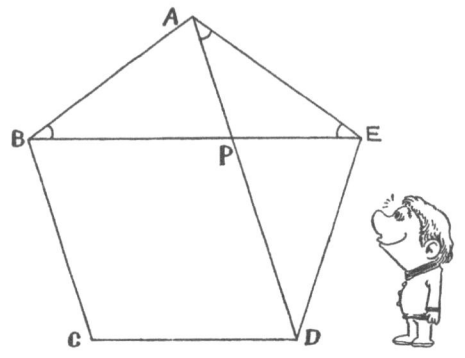

피타고라스 선생, 황금분할을 생각한다.

이다. 그런데, 사변형 BCDP는 평행사변형이므로

    CD = BP

이다. 따라서

    BA = BP

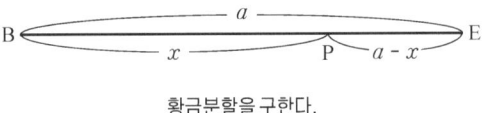

황금분할을 구한다.

이다.

    한편, 이등변삼각형 ABE와 이등변삼각형 EAD는 합동이므로

    ∠ABE = ∠AEB = ∠EAD

이다. 따라서, 삼각형 ABE와 삼각형 PEA는 닮음이다. 즉,

    △ABE ∽ △PEA

이 사실로부터

$$\frac{BE}{AB} = \frac{AE}{PE}$$

를 얻는다. 여기에, AB=BP, AE=BP를 대입하면,

$$\frac{BE}{AB} = \frac{AE}{PE}$$

가 된다. 선분 BE 위에 한 점 P를 잡았을 때, 이 식이 성립하면 점 P는 BE를 황금분할한다고 한다.

이제,

　　BE=a,　BP=x

라 두고, x를 a로 나타내 보자. 위의 황금분할의 식에

　　BE=a,　BP=x,　PE=$a-x$

를 대입하면,

$$\frac{a}{x} = \frac{x}{a-x}$$

따라서, 이 사실로부터

　　$x^2 + ax - a^2 = 0$

을 얻는다. 이것은 x에 관한 2차방정식이기 때문에, 2차방정식의 근의 공식을 사용하여 풀면

$$x = \frac{-a \pm \sqrt{a^2 + 4a^2}}{2}$$

즉,

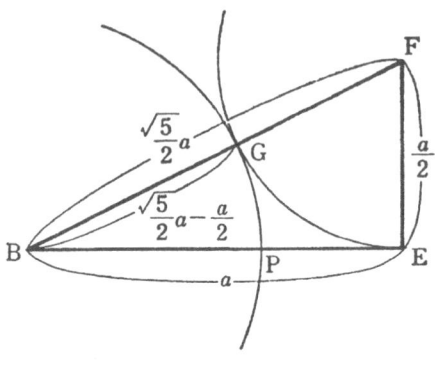

황금분할의 작도법

$$x = -\frac{a}{2} \pm \frac{\sqrt{5}}{2}a$$

를 얻는다. 그런데,

$$x = -\frac{a}{2} - \frac{\sqrt{5}}{2}a$$

는 음수이므로 이것을 버리고

$$x = \frac{\sqrt{5}}{2}a - \frac{a}{2}$$

를 얻는다.

따라서 이것으로부터 다음의 황금분할의 작도법을 얻을 수 있다.

우선, 길이가 a인 선분 BE를 긋는다. 다음에, 점 E에서 BE에 수선을 세워 그 위에 EF = $\frac{a}{2}$인 점 F를 잡고 B와 F를 잇는다. 그렇게 하면, 피타고라스의 정리에 의하여

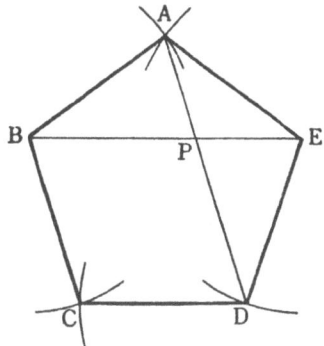

황금분할로 정오각형을 만든다.

$$BF = \sqrt{a^2 + \left(\frac{a}{2}\right)^2} = \frac{\sqrt{5}}{2}a$$

가 된다. 따라서 F를 중심, FE를 반지름으로 하는 원을 그리고 BF와의 교점을 G라 하면,

$$BG = \frac{\sqrt{5}}{2}a - \frac{a}{2}$$

이다.

따라서 B를 중심, BG를 반지름으로 하는 원과 주어진 선분 BE와의 교점을 P라 하면, P가 구하는 점이다.

앞의 얘기에서도 알 수 있듯이, 이 방법으로 주어진 선분 BE를 황금분할하면, 그것을 써서 BE를 대각선의 길이로 하는 정오각형을 그릴 수 있다. 즉, 먼저 B, E를 중심으로 하고 BP의 길이를 반지름으로 하는 원을 그리고, 그의 교점을 A라 한다. 다음에, AP의 연장선과 E를 중심으로 하고

EA를 반지름으로 하는 원과의 교점을 D라 한다. 다음, B, D를 중심으로 하고 BA를 반지름으로 하는 원을 그리고 P 이외의 교점을 C라 하면, 정오각형 ABCDE는 BE를 대각선으로 하는 정오각형이다. 이번에는, 황금분할의 식

$$\frac{BE}{BP} = \frac{BP}{PE}$$

에서 BP=a가 주어졌다고 하고,

BE=x

의 길이를 구해 본다.

BE=x, BP=a, PE=$x-a$

를 황금분할의 식에 대입하면

$$\frac{x}{a} = \frac{a}{x-a}$$

따라서, 여기에서

$x^2 - ax - a^2 = 0$

을 얻는다.

이것은 x에 관한 2차방정식이므로

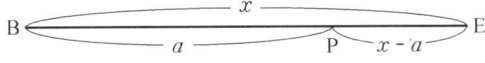

황금분할의 식으로부터 정오각형의 대각선의 길이를 구한다.

2차방정식의 근의 공식을 써서 풀면

$$x = \frac{a \pm \sqrt{a^2 + 4a^2}}{2}$$

즉,

$$x = \frac{a}{2} \pm \frac{\sqrt{5}}{2}a$$

를 얻는다. 그런데,

$$x = \frac{a}{2} - \frac{\sqrt{5}}{2}a$$

는 음수이므로 이것을 버리고

$$x = \frac{\sqrt{5}}{2}a + \frac{a}{2}$$

를 얻는다.

이것은 한 변이 a인 정오각형의 대각선의 길이를 나타내는 것이므로 이 사실로부터 한 변의 길이가 주어질 경우, 다음의 정오각형의 작도법을 얻을 수 있다.

우선, 한 변의 길이가 a인 선분 CD를 긋는다. 그리고 나서, CD의 중점 M으로부터 여기에 수선을 세우고 그 위에

$$MN = a$$

가 되는 점 N을 잡는다. 그렇게 하면 피타고라스의 정리에 의하여

$$CN = \sqrt{\left(\frac{a}{2}\right)^2 + a^2} = \frac{\sqrt{5}}{2}a$$

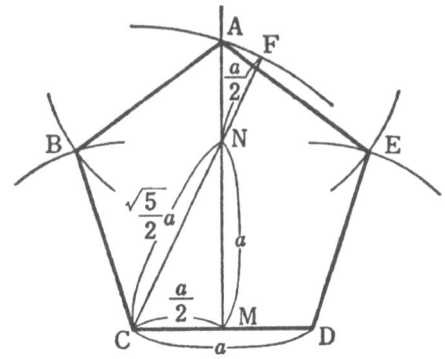

황금분할로부터 정오각형을 작도한다.

이다. 다음에 CN의 연장선상에

$$NF = \frac{a}{2}$$

인 점 F를 잡으면

$$CF = \frac{\sqrt{5}}{2}a + \frac{a}{2}$$

가 되기 때문에 C를 중심, CF를 반지름으로 하는 원이 MN의 연장선과 만나는 점을 A라 하면, A는 구하고자 하는 정오각형의 한 정점이다.

따라서 A, C를 중심으로 하고 a를 반지름으로 하는 원과의 교점을 B, A와 D를 중심으로 하고 a를 반지름으로 하는 원과의 교점을 E라 하면, 정오각형 ABCDE가 구하는 정오각형이다.

질문

비유클리드 기하학은 어떤 경우를 거쳐 태어난 것일까?

회답

유클리드(기원전 300년경)는 그의 기하학을 전개하기 위한 기초로써 다음의 다섯 가지의 공리(公理)와 다섯 가지의 공준(公準)을 두었다.

공리 1 동일한 것에 같은(等) 것은 또한 서로 같다.

공리 2 같은 것에 같은 것을 더하면 그 전체는 서로 같다.

공리 3 같은 것에서 같은 것을 빼면 그 나머지는 서로 같다.

공리 4 서로 포개어지는 것은 서로 같다.

공리 5 전체는 부분보다 크다.

공준 1 임의의 점과 다른 한 점을 연결하는 직선은 단 하나뿐이다.

공준 2 임의의 선분은 양끝으로 얼마든지 연장할 수 있다.

공준 3 임의의 점을 중심으로 하고 임의의 길이를 반지름으로 하는 원을 그릴 수 있다.

공준 4 직각은 모두 서로 같다.

공준 5 두 직선이 한 직선과 만날 때, 같은 쪽에 있는 내각의 합이 2직각보다 작으면 이들 두 직선을 연장할 때 2직각보다 작은 내각을 이루는 쪽에서 반드시 만난다.

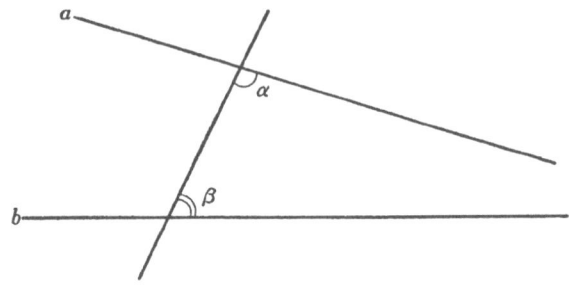

각 α와 각 β의 합이 $2 \times \angle R$보다 작으면 a, b는 만난다. ($\angle R$; 점 R에서의 각)

이들 공리와 공준 가운데, 다섯 번째의 공준은 다른 공리, 공준과 비교하여 반드시 그림을 그려보지 않으면 알기 어려울 정도로 복잡하다.

사람들은 이 다섯 번째의 공준을 더욱이 알기 쉬운 형태로 고치기 위하여 부단히 노력을 하였다.

이 유클리드의 다섯 번째 공준을 알기 쉽게 바꾸어 표현한 것 중 가장 유명한 것은 스코틀랜드의 수학자 플레이 페어(1748~1819)가 말한, 다음의 평행선 공리이다.

[평행선 공리] 평면 위에서 주어진 직선 밖의 한 점을 지나 주어진 직선에 평행한 직선은 하나밖에 없다.

또, 다음의 공리도 유클리드의 제5번째 공준을 바꿔 표현한 것이라는 것을 알 수 있다.

1. 동일 평면상에 있어서 그 사이의 거리가 항상 일정한 두 직선이 존재한다.

2. 닮음이지만, 합동이 아닌 한 쌍의 삼각형이 존재한다.

3. 사각형에서, 세 개의 내각이 직각이라면 네 번째 내각도 직각이다.

4. 내각의 합이 2직각인 적어도 한 개의 삼각형이 존재한다.

한편, 유클리드 이후 2000년간이나 수학자들은 다른 공리와 공준을 사용하여 유클리드의 제5번째 공준을 증명하려고 노력해 왔지만, 여기에 성공한 사람은 없었다.

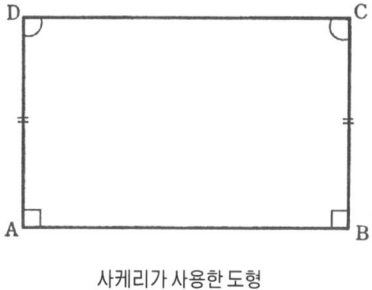

사케리가 사용한 도형

그런데 이탈리아의 수학자 사케리(1667~1733)는 다음의 시도를 해 보았다. 우선, 사케리는 유클리드의 제5공준을 사용하지 않고, 다음을 증명하였다. 즉, 사각형 ABCD에서 ∠A와 ∠B가 둘 다 직각이고, 더욱이 AD=BC라면 ∠D와 ∠C도 같다. 따라서 다음 세 가지 경우를 얻을 수 있다.

I. ∠D와 ∠C는 예각이다.

II. ∠D와 ∠C는 직각이다.

III. ∠D와 ∠C는 둔각이다.

그래서 사케리는 I의 경우를 가정하는 것을 예각 가정, II의 경우를 가정하는 것을 직각 가정, III의 경우를 가정하는 것을 둔각 가정이라 불렀다.

사케리의 연구방침은 예각 가정이나 둔각 가정이 둘 다 모순을 유도하여 비로소 직각 가정만을 채택해야 한다는 것인데, 이 직각 가정이 성립하면 유클리드의 제5공준이 성립한다는 사실을 나타내는 것이다.

유클리드도 그렇게 하였지만, 사케리도 직선은 무한한 길이를 가진다고 가정하면, 둔각 가정은 성립하지 않는다는 것을 증명할 수 있었다. 예각 가정 쪽은 이보다 어려워서, 사케리는 예각 가정으로부터 유도할 수 있는 많은 정리를 밝히면서 모순이라 할 수 없는 것을 모순이라 하여 그의 연구를 마쳐 버렸다. 만일 그가 이것을 모순이라 하지 않고 연구를 계속하였다면 비유클리드 기하학 발견의 영광은 그의 머리 위에서 빛났을 터인데 매우 애통한 일이다.

자, 사케리가 위와 같은 연구를 발표하고 난 33년 뒤에 독일의 수학자 람베르트(1728~1777)는 평행선의 이론이라는 논문을 썼지만, 이것은 그가 죽은 뒤 11년이 지난 후에야 인쇄 공표되었다.

람베르트가 사용한 도형

람베르트가 사용한 도형은 꼭 사케리가 사용한 그림의 반인 3개의 직각을 내각으로 갖는 사변형이었다.

그리하여, 람베르트는

I. 제4의 내각이 예각이다.

II. 제4의 내각이 직각이다.

III. 제4의 내각이 둔각이다.

라는 세 가지 경우를 연구하였다. 이들이 각각 사케리의 예각 가정, 직각 가정, 둔각 가정에 대응되는 것이다.

그는 이들 각각의 가정 하에 연구를 계속하여

I의 가정 하에서는, 삼각형의 내각의 합은 2직각보다 작고,

II의 가정 하에서는, 삼각형의 내각의 합은 2직각과 같고,

III의 가정 하에서는 삼각형의 내각의 합은 2직각보다 크다라는 것을 증명하였다

더욱이 람베르트는 I의 경우는 2직각에서 3개의 내각의 합을 뺀 것, III의 경우에는 3개의 내각의 합에서 2직각을 뺀 것이 삼각형의 넓이에 비례한다는 것을 증명하였다.

그런데 III의 경우, 삼각형 내각의 합이 2직각보다 크고, 내각의 합에서 2직각을 뺀 양이 이 삼각형의 면적에 비례한다는 말은 구면상에서, 대원을 직선이라고 생각하고 삼각형을 만들었을 때 일어나는 것이다.

여기에서 람베르트는 I의 경우, 삼각형 내각의 합이 2직각보다 작고, 2직각에서 내각의 합을 뺀 양이 삼각형의 넓이에 비례한다는 사실은 허의

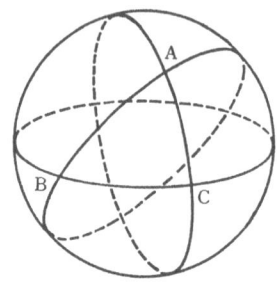

구면상의 삼각형

반경 ia를 가진 구면상에서 일어나는 현상일 것이라고 예상하고 있다. 이 것은 결국 사실이라는 것이 증명되었다. 즉, 이 현상은 곡률이 양의 값 $\frac{1}{a^2}$ 이 아니고, 음의 값 $-\frac{1}{a^2}$을 갖는 곡면 상에서 발생한다는 것을 증명하였다.

한편, 프랑스의 수학자 르장드르는

I. 삼각형의 내각의 합은 2직각보다 작다.

II. 삼각형의 내각의 합은 2직각이다.

III. 삼각형의 내각의 합은 2직각보다 크다.

라는 각각의 가정으로부터 출발하여 연구를 진행하였다. 그래서 그는 만일 직선의 길이가 한없이 길다고 가정하면 위의 III의 경우는 발생되지 않는다는 사실을 보였다. 그는 대단한 노력을 하였으나, I의 경우는 일어나지 않는다는 것을 증명하지 못하였다.

그런데, I의 경우를 깊이 연구하여도 거기로부터 모순이 나타나지 않는 것은 당연하였다. 왜냐하면, 지금은 분명히 알고 있는 바와 같이 I라는 가정 하에서 유클리드 기하학과 같도록 모순을 품지 않는 기하학을 전개할 수 있기 때문이다. 즉, 평행선 공리는 다른 공리, 공준과 완전히 독립된 것이었기 때문이다. 즉, 평행선의 공리는 다른 공리나 공준으로부터는 유도할 수 없었기 때문이다.

물론, I의 가정으로부터 출발하여 얻어지는 정리 가운데에는, 유클리드 기하학의 정리와 모순되는 것이 있다. 그러나 I의 가정에서 출발하여 얻어지는 정리들 사이에는 모순이 없다.

이렇게 하여 새로운 기하학의 가능성에 처음으로 눈을 뜬 것은 독일의 수학자 가우스(1777~1855), 러시아의 수학자 로바체프스키(1793~1856), 헝가리의 수학자 보여이(1802~1860) 등 세 사람이었다.

이 세 사람은 다음의 세 가지 경우를 생각했었다.

I. 평면상에서, 주어진 직선 l 밖의 한 점 P를 지나 직선 l과 만나지 않는 직선을 무수히 그을 수 있다.

II. 평면상에서, 주어진 직선 l 밖의 한 점 P를 지나 직선 l과 만나지 않는 직선을 오직 한 개 그을 수 있다.

III. 평면상에서, 주어진 직선 l 밖의 한 점 P를 지나 이 직선과 만나지 않는 직선은 그을 수 없다.

이들이 각각 예각 가정, 직각 가정, 둔각 가정에 대응하고 있다는 사실은 물론이다. 앞과 같이, 직선은 무한의 길이라고 가정하면, 위의 III의 경우는 일어나지 않는다는 것을 보일 수 있다.

위 세 사람의 수학자는 각각 독립적으로, I의 가정으로부터 출발하여, 추론(推論)을 계속해 나갔다.

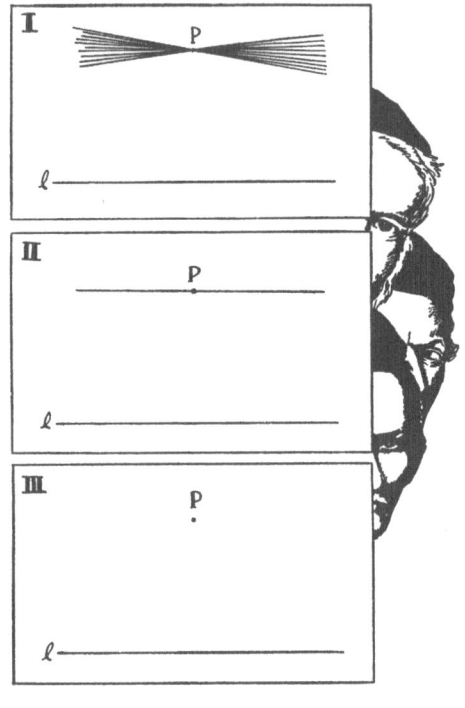

세 가지 경우

가우스는 I의 가정에서 시작하여 출발하는 기하학에 대하여 매우 유명한 결과들을 얻었다는 데에는 틀림이 없지만, 그는 이들 결과에 대하여 아무것도 발표를 하지 않아 비유클리드 기하학의 발견에 대한 영광은 로바체프스키와 보여이 두 사람 앞으로 돌아갔다.

로바체프스키는 그의 연구를 1829년에서 1830년에 걸쳐 발표하였는데, 그가 유럽의 중심으로부터 멀리 떨어진 곳에서 러시아어로 이것을 발표하였기 때문에, 그의 연구 성과가 사람들 사이에 알려지기에는 상당한 시간을 요했다.

보여이는 그의 연구를 1832년에 아버지의 책에 부록으로서 발표하였다.

이상과 같은 사정이므로, I의 가정으로부터 출발하여 얻어지는 기하학은 오늘날, '로바체프스키-보여이의 비유클리드 기하학'이라 불리고 있다.

I의 가정이 사실 유클리드의 다른 공리나 공준과 독립적이라는 것은 벨트라미(1835~1900), 케일리(1821~1895), 클라인(1849~1905), 푸앵카레(1854~1912) 등에 의하여 유클리드 기하학 가운데 로바체프스키-보여이의 비유클리드 기하학의 모형을 만들어서 증명되었다. 따라서 유클리드 기하학에 모순이 없으면, 로바체프스키-보여이의 비유클리드 기하학에도 모순은 없는 것이 된다.

그런데, III의 가정으로부터 출발해도 모순이 없는 기하학이 얻어진다는 것은 리만(1826~1866)에 의하여 1854년에 그가 행한 연설 「기하학의 기초를 이루는 가정에 대하여」에서 발표되었다.

질문

뫼비우스의 띠와 클라인의 항아리는 무엇 때문에 고안된 것일까?

회답

우선, 뫼비우스의 띠(Möbius band)는 다음과 같이 하여 만든다. 가늘고 긴 사각형 모양의 종이를 한번 비틀어서 그의 대변을 맞붙이면 그림과 같은 곡면이 생기는데 이것은 겉과 속의 구별을 할 수 없는 즉, 방향을 가질 수 없는(non-orientable) 곡면이다.

사실, 그림에서 A쪽을 겉이라고 생각하고 곡면을 따라 움직여 가면 B쪽으로 와 버리므로 이 곡면에서는 어느 쪽을 겉이나 속이라고 말할 수가 없다.

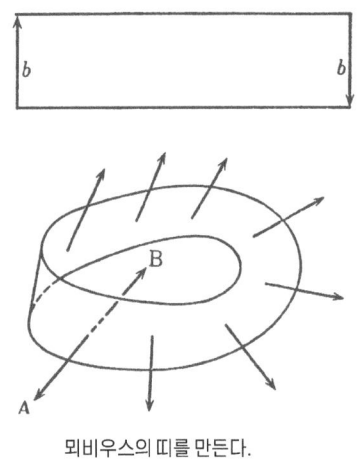

뫼비우스의 띠를 만든다.

다음에, 클라인의 항아리(Klein's bottle)는 다음과 같이 만든다. 한 사각형 종이를 윗변 a와 아랫변 a와는 같은 방향으로 붙여서 하나의 원주를 만든다.

그리고 이 원주를 한번 비틀어서 좌우 두 개의 b는 반대 방향으로 맞물리도록 붙인다.

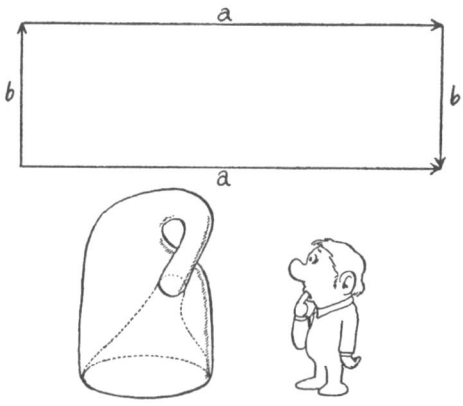

클라인의 항아리를 만든다.

실은, 이것은 3차원 공간에 실현할 수 없는 것이지만, 보통은 위 그림과 같은 모형으로 나타내어진다.

이것은 뫼비우스의 띠와 마찬가지로, 방향을 가질 수 없는 곡면이다.

다시 말하면, 뫼비우스의 띠와 클라인의 항아리는 방향을 가질 수 없는 곡면의 예를 보이기 위하여 고안된 것이다.

질문

다음 문제의 답을 가르쳐 주세요.

한 변의 길이가 a인 정사각형 ABCD의 각 정점을 중심으로 하고 a를 반지름으로 하는 4분원을 정사각형의 안에 그린다. 이때 생기는 도형 PQRS의 넓이를 a로 나타내시오.

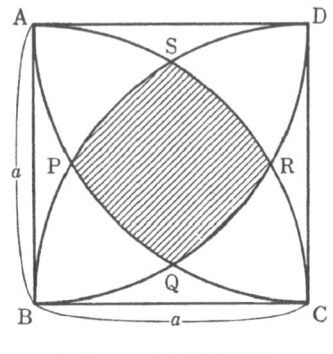

도형 PQRS의 넓이를 구한다.

> **회답**

이것은 중학교 수학에서 풀 수 있는 유명한 어려운 문제이다. 다음 순서대로 풀어 보면 어떨까?

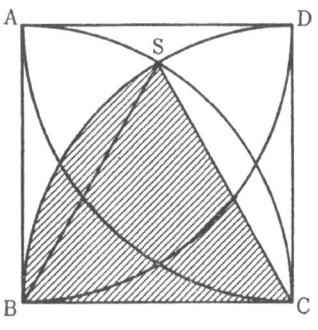

부채꼴 BCS의 넓이를 구한다.

(1) 부채꼴 BCS의 넓이.

우선, 삼각형 BCS는 정삼각형이다. 따라서 ∠BCS = 60°이다.

162

그러므로, 부채꼴 BCS의 넓이는

$$\pi a^2 \times \frac{60°}{360°} = \frac{1}{6}\pi a^2$$

이다.

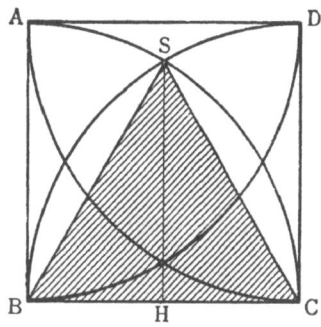

정삼각형 SBC의 넓이를 구한다.

(?) 삼각형 SBC의 넓이

삼각형 SBC는 한 변의 길이가 a인 정삼각형이므로, S에서 BC에 내린 수선의 발을 H라 하면,

$$SH = \frac{\sqrt{3}}{2}a$$

이다. 따라서, 삼각형 SBC의 넓이는

$$\frac{1}{2} \cdot a \cdot \frac{\sqrt{3}}{2}a = \frac{\sqrt{3}}{4}a^2$$

이다.

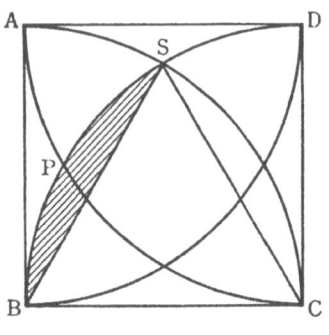

활모양 SPB의 넓이를 구한다.

(3) 활모양 SPB의 넓이.

이것은 (1)의 부채꼴 BCS의 넓이에서 (2)의 삼각형 SBC의 넓이를 뺀 것이므로,

$$\frac{1}{6}\pi a^2 - \frac{\sqrt{3}}{4}a^2$$

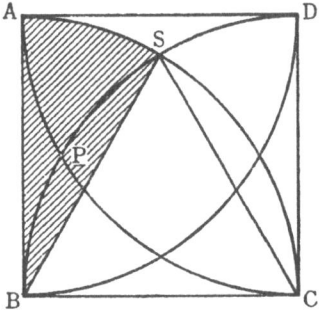

부채꼴 ABS의 넓이를 구한다.

(4) 부채꼴 ABS의 넓이.

삼각형 SBC는 정삼각형이므로,

∠SBC = 60°

따라서

∠ABS = 90° - 60° = 30°이다.

그러므로, 부채꼴 ABS의 넓이는

$$\pi a^2 \times \frac{60°}{360°} = \frac{1}{12}\pi a^2$$

이다.

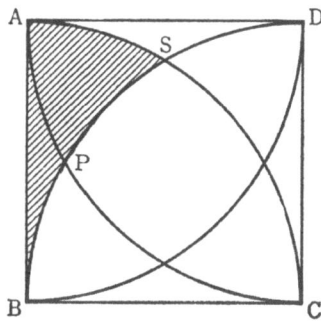

도형 ABPS의 넓이를 구한다.

(5) 도형 ABPS의 넓이.

이것을 구하는 데는, (4)에서 얻은 부채꼴 ABS의 넓이에서 (3)에서 얻은 활모양 SPB의 넓이를 빼면 되므로,

$$\frac{1}{12}\pi a^2 - \left(\frac{1}{6}\pi a^2 - \frac{\sqrt{3}}{4}a^2\right) = \frac{\sqrt{3}}{4}a^2 - \frac{1}{12}\pi a^2$$

(6) 도형 PQRS의 넓이.

여기에서 제일 처음의 그림을 보면, 쉽게 알 수 있으리라 생각한다. 즉, 도형 PQRS의 넓이를 구하는 데에는 정사각형 ABCD의 넓이 a^2에서, (5)에서 구한 도형 ABPS의 넓이의 4개분을 빼면 된다. 즉,

$$a^2 - 4\left(\frac{\sqrt{3}}{4}a^2 - \frac{1}{12}\pi a^2\right) = \left(1 + \frac{1}{3}\pi - \sqrt{3}\right)a^2$$

이다.

질문

다음 문제의 해답을 가르쳐 주세요.

꼭지각 A가 20°인 이등변삼각형 ABC가 있다. 지금 변 AB와 20°의 각을 이루는 직선을 삼각형의 안쪽으로 긋고 변 AC와의 교점을 D라 한다.

또, 변 AC와 30°의 각을 이루는 직선을 삼각형의 안쪽으로 긋고 그것과 변 AB와의 교점을 E라 한다. 이때, 각 BDE는 몇 도인가?

회답

이것도 중학교의 수학에서 풀 수 있는 어려운 문제 중의 하나이다. 여러 가지의 해법이 있다고 생각되는 데 다음은 그중의 하나이다.

우선, 삼각형 ABC는 꼭지각 A가 20°인 이등변삼각형이므로 ∠ABC와 ∠ACB는 같고, 그의 크기는

∠ABC = ∠ACB = (180° - 20°) = 80°

이다. 따라서,

$$\angle BCE = 80° - 30° = 50°$$

이다. 따라서 삼각형 BCE를 생각하면

$$\angle BEC = 180° - (80° + 50°) = 50°$$

이다. 따라서, 삼각형 BCE는 B를 꼭지점으로 하는 이등변 삼각형으로서

$$BC = BE$$

가 된다.

다음에, B에서 변 BC와 20°의 각을 이루는 직선을 삼각형 안쪽으로 그어 AC와의 교점을 F라 하면, 삼각형 BCF에서

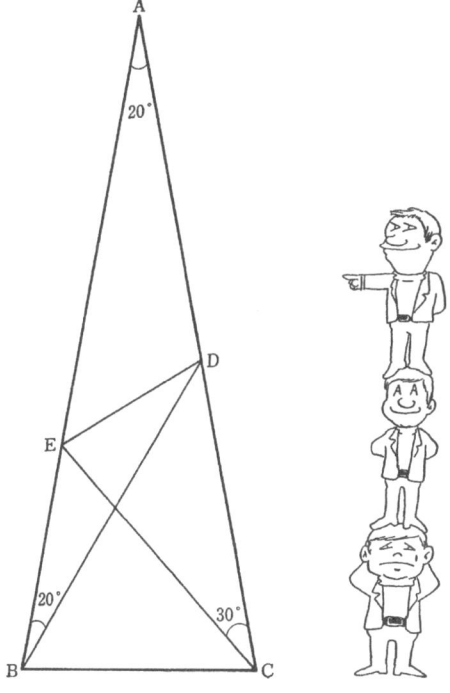

∠BDE는 몇 도일까?

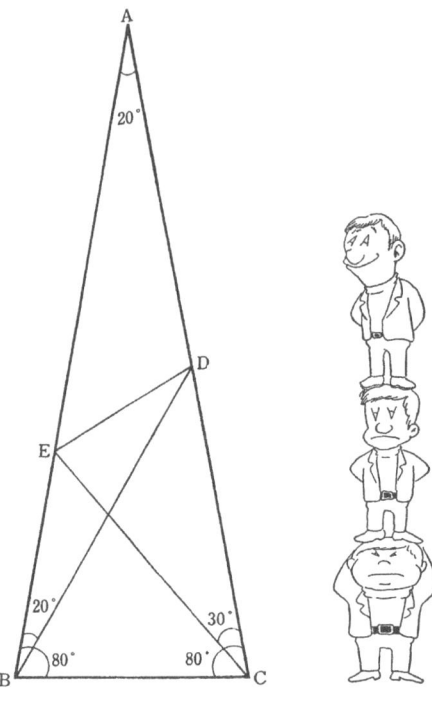

∠ABC = ∠ACB = 80°

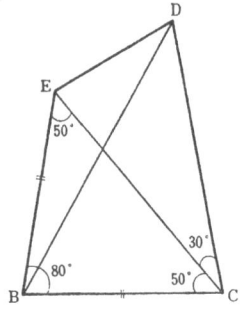

삼각형 BCE는 이등변삼각형

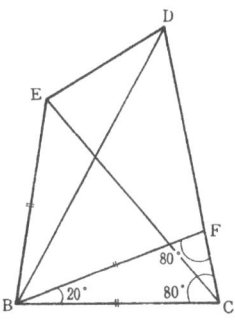

이등변삼각형 BCF를 만든다.

∠BFC = 180° - (20° + 80°) = 80°

따라서,

∠BCF = ∠BFC = 80°

이므로, 삼각형 BCF는 B를 꼭짓점으로 하는 이등변삼각형이 되고

BC = BF

이다.

그런데 이상에서

BE = BF

인 것을 알았는데, 이 경우

∠EBF = 80° - 20° = 60°

이므로 삼각형 EBF는 정삼각형이다.

따라서,

BF = EF

이다.

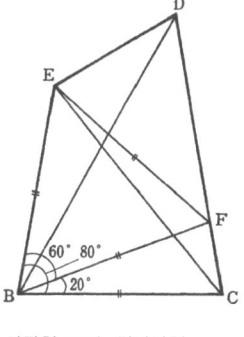
삼각형 EBF는 정삼각형

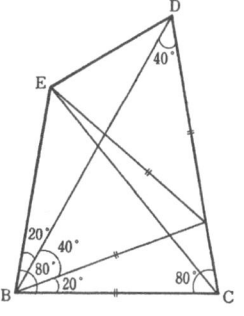
삼각형 BDF는 이등변삼각형

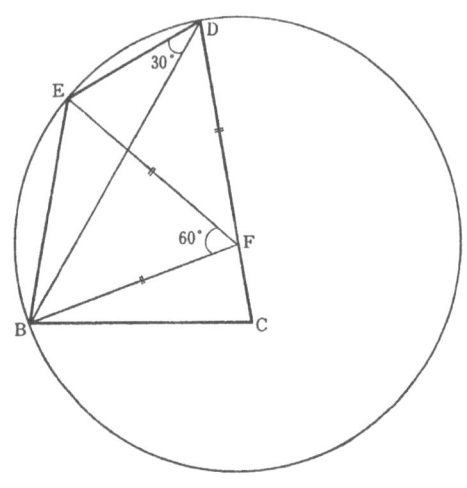

점 F는 삼각형 BDE의 외심

반면에, 삼각형 BDF에서

$\angle \text{DBF} = 80° - 20° - 20° = 40°$

이고 또한, 삼각형 BCD에서

$\angle \text{BDC} = 180° - (60° + 80°) = 40°$

이다. 따라서, 삼각형 BDF는 F를 꼭짓점으로 하는 이등변삼각형이 되기 때문에,

BF = DF

가 된다.

이상으로 결국,

BF = EF = DF

가 되었지만, 이것은 점 F가 삼각형 BDE의 외심(外心)인 것을 나타내고

있다. 따라서 F를 중심, BF = EF = DF를 반지름으로 하는 삼각형 BDE의 외접원을 그리면, ∠BDE는 현 BE 위에서의 원주각이다. 그런데 이 경우, 그의 중심각은

∠BFE = 60°

이다. 따라서 원주각 ∠BDE는 반으로서

∠BDE = 30°

이다.

제4장

패러독스와 게임

(질문)

한붓그리기가 될까, 안 될까를 구분하는 법을 가르쳐 주세요.

(회답)

한붓그리기란 한번 붓을 종이에 대면, 붓을 종이에서 떼지 않고 더욱이 같은 곳을 덧그리지 않고 그림을 그리는 것을 말한다.

우선, 한붓그리기가 되어 있는 그림의 특징을 살펴보자.

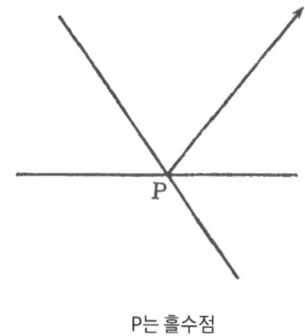

P는 홀수점

(1) 한붓그리기에서, 그리기 시작점이면서 끝점이 아닌 점 P.

이러한 점에서는, 그리기 시작할 때에 한 개의 선이 나온다. 그래서 한붓그리기 도중에 이 점을 통과할 때, 이 점에서 나오는 선은 두 개씩 증가해간다. 따라서 이 점은 끝점이 아니므로 이런 점 P에서는 홀수개의 선이 나온다. 이를 홀수점이라 부른다.

(2) 한붓그리기에서, 그리기 시작점이 아니고 끝점인 점 Q.

이러한 점에서는, 한붓그리기 도중에 이 점을 통과할 때, 거기에서 나오는 선이 2개씩 증가해간다. 따라서 이 점에서 끝날 때, 이 점에서 나오는 선이 하나 더하여진다. 이러한 점 Q에서는 홀수개의 선이 나온다. 즉, 이

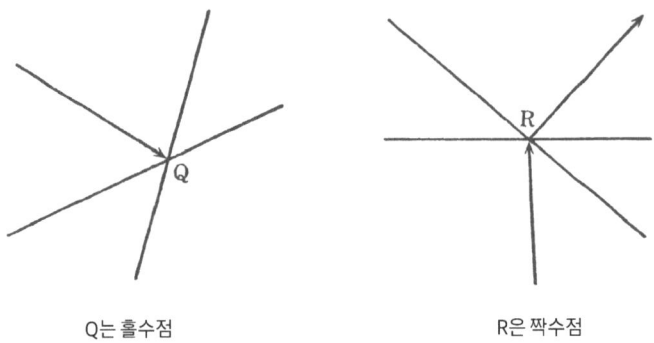

Q는 홀수점　　　　　　R은 짝수점

러한 점 Q는 홀수점이다.

(3) 한붓그리기에서, 그리기 시작점이며 더욱이 끝점인 점 R.

이러한 점에서는, 그리기 시작할 때, 한 개의 선이 나온다. 그래서 이 점을 통과할 때에 이 점에서 나오는 선은 두 개씩 증가해간다. 그래서 마지막에 이 점에서 끝날 때, 이 점에서 나오는 선이 하나 추가된다. 따라서, 이러한 점 R에서는 짝수개의 선이 나오고 이를 짝수점이라 부르기로 한다.

(4) 한붓그리기에서, 단지 통과하는 점 S.

이러한 점으로부터는 이것을 통과할 때에 이 점에서 나오는 선이 두 개씩 증가해간다. 따라서 이러한 점으로부터는 짝수개의 선이 나온다. 즉 이러한 점은 짝수점이다.

이상 조사한 바에 의하면, 다음의 사실을 알 수 있다.

I. 한붓그리기 문제에서 만일 홀수점이 있다면, 그것은 시작점이든가

아니면 끝점이어야 한다.

Ⅱ. 한붓그리기 문제에서 만일 홀수점이 두 개 있다면, 한쪽에서 시작하여 다른 한쪽에서 끝나도록 하지 않으면 한붓그리기를 할 수 없다.

예를 들면, '아래와 같은 그림을 한붓그리기 하여라' 하는 문제에서는 점 C와 D가 홀수점이고, 점 A, B, E, F는 모두 짝수점이다.

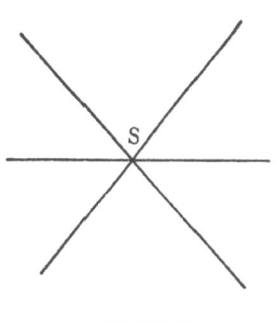

S는 짝수점

따라서 이 그림은 C에서 시작하여 D에서 끝나든지, 아니면 D에서 시작하여 C에서 끝나도록 그리지 않으면 한붓그리기를 할 수 없다.

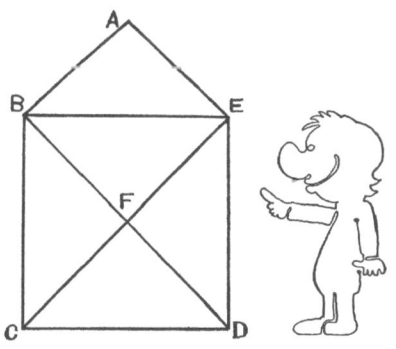

이것은 한붓그리기를 할 수 있는가.

Ⅲ. 한붓그리기의 문제에서 만일 홀수점이 3개 이상 있으면, 이 문제는 한붓그리기를 할 수 없다.

예를 들면, 아래와 같은 그림에서 A, B, C, D는 모두 홀수점이고, E 하나만 짝수점이다. 따라서 이 그림은 홀수점을 4개나 품고 있으므로, 한붓그리기를 할 수 없다.

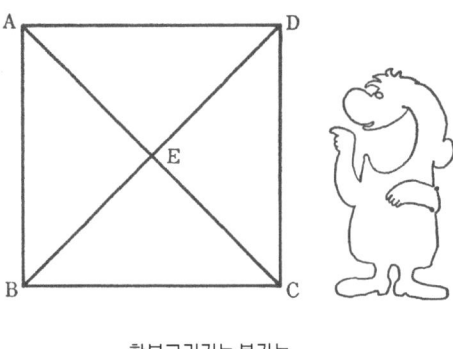

한붓그리기는 불가능

질문

크기가 전부 다른 정사각형을 조합하여 한 개의 정사각형을 만들 수 있을까?

회답

이것이 확실히 가능하다는 것은 1938년에, 케임브리지대학의 수학자들에 의하여 증명되었다. 그러나 그것은 69개의 정사각형을 사용하는 해답이었다.

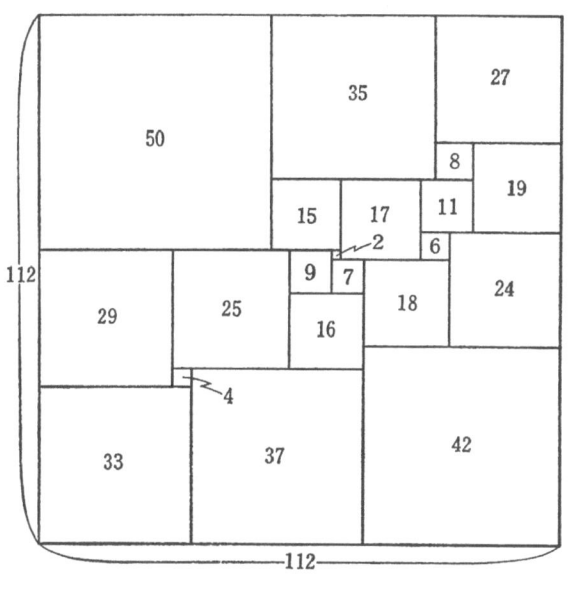

드와이베스타인 씨가 만든 그림

 그 뒤 1951년에 윌콕 씨가 24개의 정사각형을 사용하여 한 변의 길이가 175의 정사각형을 만들어 보였다.
 1978년에는 네덜란드의 드와이베스타인 씨가 21개의 정사각형을 사용하여 한 변의 길이가 112인 것을 다음과 같이 만들어 보였다.

20이하의 정사각형을 사용해서는 이러한 것이 불가능하다는 것이 증명되어 있으므로, 이것이 가장 좋은 해답이 된다.

질문

방진은 어떻게 만들면 좋을까?

회답

우선, 방진(方陣)이라는 것은 세로로 n개, 가로로 n개, 따라서 전부 n^2개 나열되어 있는 구획 가운데

6	7	2
1	5	9
8	3	4

3차의 방진

$$1, 2, 3, 4, \cdots\cdots, n^2$$

이라는 수를 넣어서 어느 행을 더하여도, 어느 열을 더하여도, 또 어느 대

각선을 다 더하여도

$$\frac{1}{2}n(1+n^2)$$

이 되도록 나열한 것이다. 이것을 n차의 방진이라 부른다. 예를 들면, 위의 것은 3차의 방진으로서, 가로의 행을 더하여도, 세로의 열을 더하여도 대각선을 더하여도 모두 15개가 된다. 또 아래 그림도 4차의 방진으로 가로의 행을 더하여도, 세로의 열을 더 하여도, 대각선을 모두 더하여도 34가 된다. 다음으로 내가 알고 있는 방진의 제작법에 대해 소개하겠다.

13	8	12	1
3	10	6	15
2	11	7	14
16	5	9	4

4차의 방진

먼저, 3차의 방진부터 시작한다

우선, 수를 써넣을 수 있는 숫자칸막이를 다음 페이지 그림의 상좌단처럼 만든다.

다음에 이 9개의 칸막이에서 각 변의 제일 가운데를 하나씩 밖으로 튀어나오도록 추가하여 다시 만든다(그림 중 두 번째).

여기에다가 오른쪽 위에서 왼쪽 아래로 3번째 그림과 같이 1, 2, 3; 4, 5, 6; 7, 8, 9를 각각 써넣는다.

다음에 튀어나온 부분에 들어있는 수를 거기로부터 세로 또는 가로로 세어 세 개째의 빈칸으로 이동시킨다(네 번째 그림).

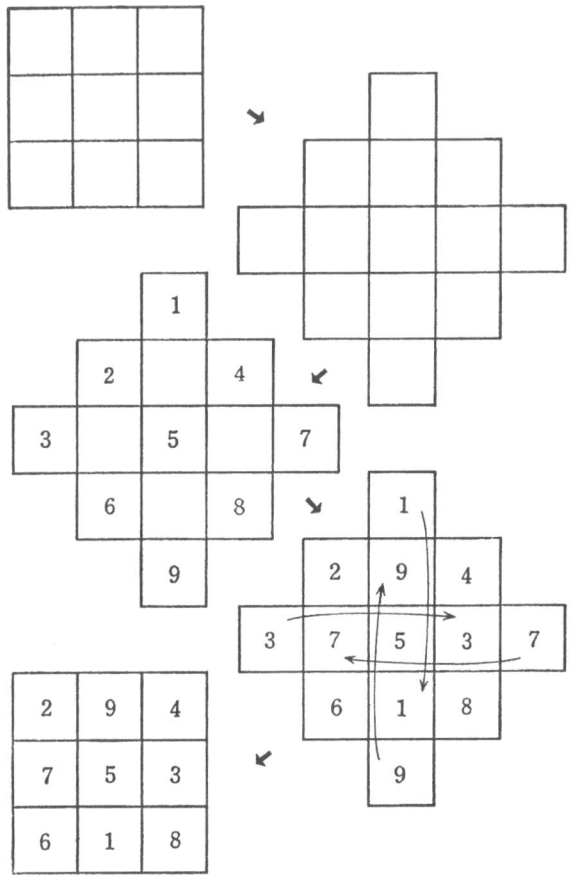

3차의 방진 제작법

그리고 좌우로 튀어나온 부분을 전부 없애 버리면 얻고자 하는 3차의 방진이 되는데, 이것은 가로로 더하여도, 세로로 더하여도, 대각선을 따라 더하여도 답은 항상 15가 되는 3차의 방진이다.

다음, 4차의 방진을 만들어 보자. 우선, 앞의 그림과 같은 숫자칸막이

4차의 방진 제작법

를 만들고(좌상단 그림) 그 가운데에 1부터 16까지의 수를 순서대로 그림과 같이 써넣는다.

다음에, 제1행과 제4행에서 오른쪽 위에서 왼쪽 아래로 대각선상에 없는 수 2와 14, 3과 15를 바꾸어 넣는다. 또 제2행과 제3행에서 오른쪽 위

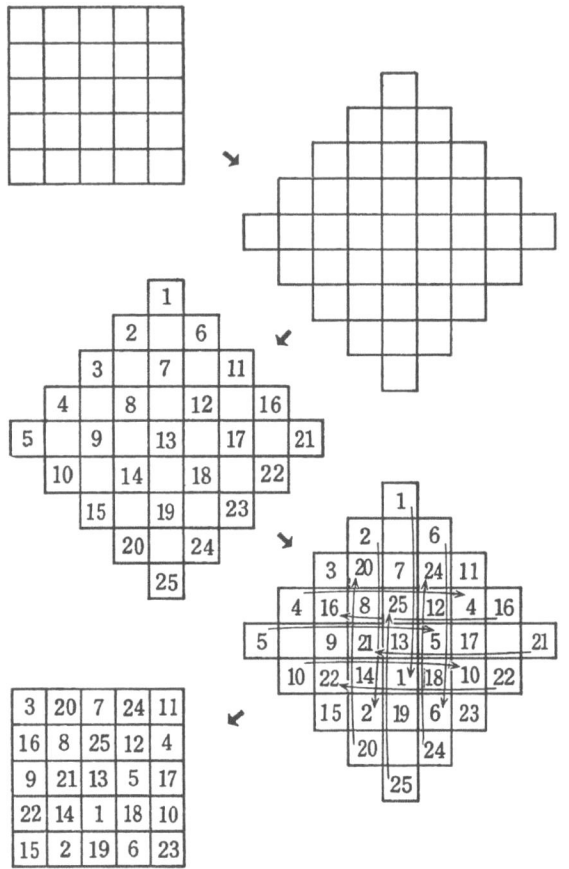

5차의 방진 제작법

에서 왼쪽 아래로의 대각선상에 없는 수 5와 9, 8과 12를 바꾸어 넣는다.

이후 제1열과 제4열에서, 오른쪽 위에서 왼쪽 아래로의 대각선상에 없는 수 9와 12, 5와 8을 바꾸어 넣는다. 또, 제2열과 제3열에서, 오른쪽 위에서 왼쪽 아래로의 대각선상에 없는 수 14와 15, 2와 3을 바꾸어 넣는다.

그렇게 하면, 그림과 같은 방진이 생기는데, 이것은 가로로 더하여도, 세로로 더하여도, 대각선을 따라 더하여도 모두 답이 34가 되는 4차의 방진이다.

다음에 5차의 방진을 만들어 보자. 이것은 3차의 방진과 비슷한 방법으로 만들 수 있다.

우선 25개의 수를 써넣을 수 있는 숫자칸막이를 만든 다음, 여기에서 각 변의 중앙 부분을 튀어나오게 그림과 같은 칸막이를 만든다(그림 두 번째).

그래서 여기에, 오른쪽 위에서부터 왼쪽 아래로 그림과 같이 1, 2, 3, 4, 5; 6, 7, 8, 9, 10; 11, 12, 13, 14, 15; 16, 17, 18, 19, 20; 21, 22, 23, 24, 25를 써넣는다.

다음에, 튀어나온 부분에 들어 있는 수를 거기로부터 가로 또는 세로로 세어 다섯 번째의 빈칸으로 이동시킨다. 마지막으로 튀어나온 부분을 없애 버리면 그림과 같은 방진을 얻을 수 있는데, 이것은 가로로 더하건, 세로로 더하건, 또 대각선을 따라서 더하건 답은 항상 65가 되는 5차의 방진이다.

> **질문**

아킬레스와 거북이의 문제에서 왜 아킬레스는 거북이를 추월할 수 없을까?

아킬레스는 거북이를 따라잡을 수 있을까?

회답

　아킬레스와 거북이의 문제라는 것은 그리스의 수학자 제논(기원전 490~429)이 말한 것으로서 다음의 역설이다.

　그리스에 달리기에 뛰어난 영웅 아킬레스가 앞쪽에 있는 거북이를 따라가려고 해도, 아킬레스는 거북이를 따라잡을 수가 없다. 왜냐하면 아킬레스가 거북이가 원래 있던 자리까지 오면 그 사이에 거북이는 약간 전진한다. 다음에 아킬레스가 또 거북이가 있는 자리까지 오면, 그 사이에 거북이는 더욱 조금 전진해 버린다……. 따라서 아킬레스는 아무리 해도 거북이를 따라잡을 수가 없다.

　이 이야기 가운데 어디가 이상한가를 조사하기 위해 지금 만약, 아킬레스의 속도를 1초에 10m, 거북이의 속도를 그의 10분의 1, 1초간에 1m라 하고 아킬레스는 100m 전방에 있는 거북이를 따라가는 것이라고 해 보자.

　아킬레스가 원래 거북이가 있던 곳에 도달하는 데에는

100m ÷ 10m = 10초

가 필요하다. 그 10초간에 거북이는

1m × 10 = 10m

전진한다.

아킬레스가 이 10m 앞의 거북이가 있는 곳에 도달하는 데에는

10m ÷ 10m = 1초

가 필요하다. 또 이 1초 사이에 거북이는

1m × 1 = 1m

전진한다.

아킬레스가 이 1m 앞의 거북이가 있는 곳까지 도달하는 데에는

1m ÷ 10m = 0.1초

가 걸린다. 이 0.1초 사이에 거북이는

1m × 0.1m = 0.1m

전진한다.

이상과 같은 이유 때문에, 아킬레스가 원래 거북이가 있던 곳까지 오는 데에 필요한 시간은

10 + 1 + 0.1 + …… + 0.00 …… 1 = 11.11 …… 1

초가 걸린다. 그런데 이것은

11.111 …… 1 ……

로서 어디까지나 1이 계속되는 수보다는 작을 것이다. 그런데, 더욱이 이 것은 $\frac{100}{9}$이므로, 이상의 얘기는, 아킬레스가 거북이를 $\frac{100}{9}$초 이내에는

따라잡을 수가 없다는 얘기가 된다.

이렇다면 아무런 불가사의한 것이 아닌 얘기이다.

질문

무한대란 어떤 사고(思考)일까?

회답

수학에서는 때때로 무한대라는 말을 사용하는데, 수학 가운데에는 무한대라는 수가 있을 수 없다. 수학에서 무한대라 하면, 그것은 한없이 커지는 상태를 나타내는 말이다.

예로, x가 양수로서 한없이 0에 가까이 갈 때 $\dfrac{3}{x}$은 어떻게 변화하는지를 조사해 보자.

$x=0.1$이라면 $\dfrac{3}{x}=30$

$x=0.01$이라면 $\dfrac{3}{x}=300$

$x=0.001$이라면 $\dfrac{3}{x}=3000$

$x=0.0001$이라면 $\dfrac{3}{x}=30000$

이므로 x가 양수로서 한없이 0에 가까워질 때, $\dfrac{3}{x}$은 한없이 커진다는 것을 알 수 있다.

이것을 보통

$x \to 0$일 때 $\dfrac{3}{x} \to \infty$

라고 나타낸다.

여기에서 되풀이하여 주의해 둘 점은, ∞라는 기호는 결코 무한대라는 수를 나타내는 것이 아니라는 점이다. 만일 무한대라는 수 ∞가 있다고 한다면, 여러 가지 모순이 생기게 된다.

예를 들면, ∞에 3을 더하여도 역시 ∞이다. 따라서

∞ + 3 = ∞

이 양변에서 ∞를 빼면

3 = 0

또, ∞를 두 배 해도 역시 ∞이다. 따라서,

2 · ∞ = ∞

이 양변을 ∞로 나누어

2 = 1

이상과 같이 기묘한 일이 생기므로, 결코 ∞를 수와 같이 취급해서는 안 된다.

> 질문

친구들이 1 = 2라는 것을 증명해 보이라고 해서 다음의 계산을 하였다. 어디가 이상할까요?

우선

$$1-3=4-6$$

이다. 지금 이 식의 양변에 $\dfrac{9}{4}$를 더하여

$$1-3+\dfrac{9}{4}=4-6+\dfrac{9}{4}$$

여기에서

$$a^2-ab+\dfrac{b^2}{4}=\left(a-\dfrac{b}{2}\right)^2$$

이라는 공식을 생각하면, 우선, $a=1, b=3$이라고 생각하여,

$$1-3+\dfrac{9}{4}=\left(1-\dfrac{3}{2}\right)^2$$

또, $a=2, b=3$이라고 하여

$$4-6+\dfrac{9}{4}=\left(2-\dfrac{3}{2}\right)^2$$

따라서,

$$\left(1-\dfrac{3}{2}\right)^2=\left(2-\dfrac{3}{2}\right)^2$$

결국,

$$1-\dfrac{3}{2}=2-\dfrac{3}{2}$$

따라서, $1=2$라고 할 수밖에 없는데……

회답

이 계산은

$$\left(1-\frac{3}{2}\right)^2 = \left(2-\frac{3}{2}\right)^2$$

까지는 옳은데, 여기서부터 다음의

$$1-\frac{3}{2} = 2-\frac{3}{2}$$

따라서 1 = 2라고 한 곳이 틀려 있다. 사실,

$$a^2 = b^2$$

이라는 식으로부터는

$$a = b \text{ 또는 } a = -b$$

가 얻어지는데, 위에서는

$$a = b$$

만이 얻어지는 것처럼 생각하고 있는 것이 틀린 것이다. 그러므로

$$\left(1-\frac{3}{2}\right)^2 = \left(2-\frac{3}{2}\right)^2$$

여기서부터, 옳게는

$$1-\frac{3}{2} = 2-\frac{3}{2} \text{ 또는 } 1-\frac{3}{2} = -\left(2-\frac{3}{2}\right)$$

이라고 해야만 한다. 그래서

$$1 - \frac{3}{2} = 2 - \frac{3}{2}$$

은 있을 수 없기 때문에

$$1 - \frac{3}{2} = -\left(2 - \frac{3}{2}\right)$$

이라고 해야 한다.

질문

친구들이 "모든 수는 0과 같다는 것을 증명해 보아라"라고 말하여 다음의 증명을 하였다. 어디가 이상한가요?

지금, 아무런 수를 잡아 그것을 a라 한다. 다음의 a와 같은 수를 생각하여 그것을 b라 한다. 그렇게 하면

$a = b$

이다. 이 식의 양변에 a를 곱하면

$a^2 = ab$

양변에서 b^2을 빼면

$a^2 - b^2 = ab - b^2$

양변을 인수분해하여

$(a+b)(a-b) = b(a-b)$

따라서,

$a+b=b$

양변에서 b를 빼면

$a=0$

이 되어 모든 수는 0과 같다는 결론인데……

회답

이 계산은

$(a+b)(a-b)=b(a-b)$

까지는 맞다. 그러나 여기서부터

$a+b=b$

라는 곳까지가 틀려 있다. 왜냐하면,

$(a+b)(a-b)=b(a-b)$

에서

$a+b=b$

를 유도하는 데에는 이 식의 양변을 $a-b$로써 나누지 않으면 안 되는데, 실은 $a-b=0$이어서, 여기에서 절대로 해서는 안 될, 양변을 0으로 나누었기 때문이다. 사실, a를 3이라 하고 위 계산을 반복해 보면,

$3=3$

양변에 3을 곱해

$3^2=3\cdot 3$

양변에서 3^2을 빼어

$3^2 - 3^2 = 3 \cdot 3 - 3^2$

양변을 인수분해하여

$(3+3)(3-3) = 3(3-3)$

여기까지는 맞다. 그런데 마지막의 식은 $(3+3) \cdot 0 = 3 \cdot 0$을 나타내고, 분명히 맞는 식이지만, 이 식의 양변을 0으로 나누어

$3 + 3 = 3$

이라 해서는 틀린 식이 얻어지기 때문이다.

(질문)

친구들이 "모든 삼각형은 이등변삼각형이라는 것을 증명해 보아라" 하여 다음 증명을 하였다. 어디가 틀렸을까?

지금, 어떤 삼각형을 ABC라 하고, 각 BAC의 이등분선과 변 BC의 수직이등분선과의 교점을 D라 한다.

그래서, D에서 변 AB에 내린 수선의 발을 E, 변 AC에 내린 수선의 발을 F라 한다.

그렇게 하면, 삼각형 AED와 삼각형 AFD에 있어서

∠EAD = ∠FAD

∠AED = ∠AFD (= 직각)

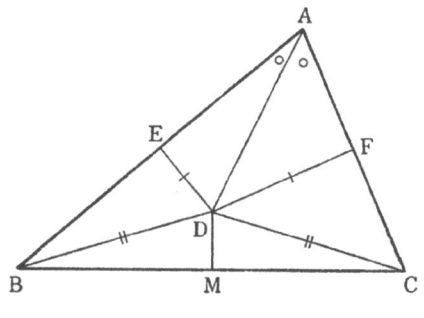

모든 삼각형은 이등변삼각형이다?

으로 더욱이 AD는 공통이므로

　　△AED≡△AFD

따라서

　　DE = DF, AE = AF

이다. 또, △EDB와 △FDC에 있어서

　　DE = DF

　　DB = DC

　　∠BED = ∠CFD (= 직각)

이므로,

　　△EBD≡△FCD

결국,

　　BE = CF

따라서

　　AE = AF와 BE = CF로부터

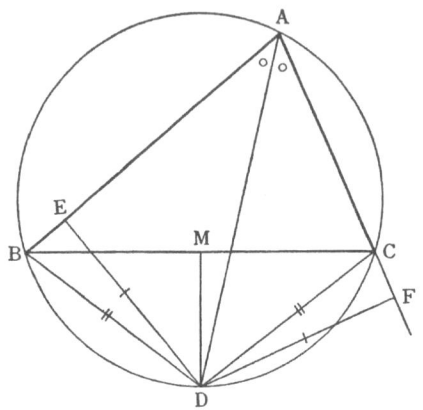

기하의 문제를 풀 때는 그림을 정확히 그릴 것!

AB = AC

결국 삼각형 ABC는 이등변삼각형이 되고 마는데……

회답

　당신의 친구들은 각 BAC의 이등분선과 변 BC의 수직이등분선이 삼각형 ABC의 내부에서 만나도록 그림을 그렸는데, 그림을 정확히 그려보면 알 수 있듯이 각 BAC의 이등분선과 변 BC의 수직이등분선과는 삼각형 ABC의 외부에서 만난다. 더욱이, 정확하게는 삼각형 ABC의 외접원의 호 BC의 중점 D에서 만난다.

　이 정확한 그림을 보면서 당신 친구들의 증명을 읽어가면,

　　△AED ≡ △AFD

따라서

DE=DF, AE=AF

는 맞는다. 또한

△EBD≡△FCD

따라서

BE=CF

도 맞는다. 그러나, AE=AF와 BE=CF로부터 AB=AC는 나올 수 없다.

기하 문제를 생각할 때는, 그림을 올바르게 그려야 한다.

> **질문**

친구들로부터 다음의 얘기를 들었다. 이 얘기의 속임수는 어디에 있을까?

어떤 아라비아의 상인이 재산으로 17마리의 낙타를 소유하고 있었는데, 죽을 때 세 아들에게 첫째 아들에게는 재산의 1/2을 둘째 아들에게는 1/3을, 셋째 아들에게는 1/9을 주기로 유언을 하였다.

그런데, 17은 2로도, 3으로도, 9로도 나누어떨어지지 않으므로, 아들들은 아버지의 유언대로 그의 재산을 나눌 수가 없어서 몹시도 난처하게 되었다.

그러던 중, 낙타를 한 마리 몰고 지나가던 노인이 "뭘 그리 곤란해하오?"라고 물었다. 세 아들은 아버지의 유언을 얘기하고, 곤란해하고 있는

아버지의 유산 분배

점을 설명하였다.

세 아들들의 얘기를 들은 노인은 다음과 같이 말하였다.

"다행히 나는 한 마리의 낙타를 갖고 있소. 자네들에게 이 낙타를 줄 테니, 17마리에다가 그것을 더하여 18마리로 해서 나누어 보게."

세 아들들은 지나가던 사람으로부터 공짜로 낙타 한 마리를 받는 것은 좋지 않다고 해서 극구 사양을 했지만, 노인이 구태여 그렇게 하라고 했기 때문에, 17마리에다 노인이 준 한 마리를 더하여 18마리를 가지고 아버지의 유언대로 나누기로 하였다.

18마리의 $\frac{1}{2}$은 9마리이므로 장남은 9마리의 낙타를 가졌다. 18마리의 $\frac{1}{3}$은 6마리이므로 둘째 아들은 6마리를 갖고, 18마리의 $\frac{1}{9}$은 2마리이므로 셋째 아들은 두 마리를 가졌다.

그런데

9 + 6 + 2 = 17

이므로, 아직 한 마리가 남아 있었다.

거기에서 이 노인은 세 아들에게 다음과 같이 말하였다.

"어떻게 되었는가, 세 사람 모두 아버지의 유언대로 낙타를 받았는가? 그런데 여기에 남은 한 마리는 원래 내 것이었으니 이 낙타는 내가 가지고 가네."

이렇게 말하고서 노인은 자기의 낙타를 데리고 가버렸다. 이런 일이 있은 후, 얼마 뒤 재산으로 11마리의 낙타를 갖고 있던 어떤 아라비아의 상인이 죽을 때, 세 사람의 아들에게 장남에게는 그의 재산의 $\frac{1}{2}$을, 둘째 아들에게는 $\frac{1}{3}$을 셋째 아들에게는 $\frac{1}{6}$을 주기로 유언하였다.

그런데, 11은 2로도, 3으로도, 6으로도 나누어떨어지지 않기 때문에, 아들들은 아버지의 유언대로 그의 재산을 나눌 수가 없어서 매우 곤란하게 되었다

옛날, 이것과 닮은 일이 있었다는 것을 생각해 낸 이 마을의 어떤 사람이 자기가 머리가 좋다는 것을 보여주려고 생각하고서, 세 아들들에게 다음과 같은 얘기를 하였다.

"내 낙타 한 마리를 너희들에게 줄 테니, 낙타의 수를 11 + 1 = 12마리로 하여, 그것을 아버지의 유언대로 나누게나."

세 아들들은 이 남자에게 그냥 낙타 한 마리를 받는 것은 나쁜 일이라고 극구 사양했지만, 이 남자가 무리하게 그렇게 해 보라고 말하는 통에, 이 사람이 말하는 대로, 아버지의 재산인 11마리에다가 이 남자에게 받은

어떤 사람의 실패

한 마리를 더하여 12마리를 가지고 아버지의 유언대로 나누기로 하였다.

12마리의 은 6마리이므로 장남은 6마리를 받고, 12마리의 은 4마리이므로 둘째 아들은 4마리를 갖고, 12마리의 은 2마리이므로 셋째 아들은 두 마리의 낙타를 갖게 되었다.

그런데,

$6 + 4 + 2 = 12$

이므로, 이것으로 낙타는 전부 세 아들에게 나누어졌다.

앞의 얘기에서는 낙타가 한 마리 남았는데, 두 번째 얘기에서는 한 마리도 남지 않았다. 이렇게 하여 모두에게 머리가 좋다는 것을 보여주려고 생각한 남자는 마침내 낙타 한 마리를 잃어버리게 되었다. 잘 생각해 보지도 않고서 남의 흉내를 내는 것은 좋은 게 아니다. (이것은 저자가 제안한 것이다. 해답을 읽기 전에 당신 스스로 풀어보도록 한다.)

회답

대체로, 어떤 것을 몇 분의 1과 몇 분의 1과 몇 분의 1로 나누어라 하는 경우에 그것들을 모두 더한 것이 1이 되지 않으면 안 된다.

그런데, 첫 번째 이야기에서는

$$\frac{1}{2} + \frac{1}{3} + \frac{1}{6} = \frac{9}{18} + \frac{6}{18} + \frac{2}{18}$$

$$= \frac{9+6+2}{18}$$

$$= \frac{17}{18}$$

이고, 이것들을 다 더한 것은 1이 되지 않는다. 따라서, 어떤 것을 그렇게 나누려면, 전체의

$$1 - \frac{17}{18} = \frac{1}{18}$$

만큼 남기 마련이다. 즉, 18마리의 낙타를 $\frac{1}{2}$과 $\frac{1}{3}$과 $\frac{1}{6}$로 나누면, 거기에는 18의 $\frac{1}{18}$,

$$18 \times \frac{1}{18} = 1$$

마리의 낙타가 남게 된다. 이 문제를 해결한 노인은 이 사실을 알아차리고 있었기 때문이다. 그런데, 두 번째 이야기에서는

$$\frac{1}{2}+\frac{1}{3}+\frac{1}{6}=\frac{6+4+2}{12}$$

$$=\frac{12}{12}$$

$$=1$$

이므로 12마리의 낙타를 $\frac{1}{2}$과 $\frac{1}{3}$과 $\frac{1}{6}$로 나누면 거기에는 아무것도 남지 않는다. 사람들에게 머리가 좋다는 것을 보여주려고 생각한 이 마을의 남자는 이것을 알아차리지 못했다.

제5장

앞선 질문

질문

5차 이상의 방정식에는 근의 공식이 존재하지 않는다는 사실이 밝혀져 있다는데 그 이유는?

회답

일차방정식이란

$$ax + b = 0 \quad (a \neq 0)$$

인 형태의 방정식을 말하는데, 이것은

$$ax = -b$$

처럼 이항하여 양변을 $a(\neq 0)$로 나누어

$$x = -\frac{b}{a}$$

라고 풀 수가 있다. 따라서, 일차방정식에 대해서는 근의 공식이 존재한다고 할 수 있다.

2차방정식이란

$$ax^2 + bx + c = 0 \quad (a \neq 0)$$

인 형태의 방정식을 말하는데, 이것은 우선, 양변을 $a(\neq 0)$로 나누어

$$x^2 + \frac{b}{a}x + \frac{c}{a} = 0$$

으로 하고 이것을

$$x^2 + \frac{b}{a}x = -\frac{c}{a}$$

로 변형하여, 양변에 $\frac{b^2}{4a^2}$을 더하면

$$x^2 + \frac{b}{a}x + \frac{b^2}{4a^2} = \frac{b^2 - 4ac}{4a^2}$$

즉,

$$\left(x + \frac{b}{2a}\right)^2 = \frac{b^2 - 4ac}{4a^2}$$

가 되기 때문에, 여기에서 양변을 제곱근으로 풀어

$$x + \frac{b}{2a} = \frac{\pm\sqrt{b^2 - 4ac}}{2a}$$

따라서,

$$x = \frac{-b \pm \sqrt{b^2 - 4ac}}{2a}$$

로 풀 수가 있다. 이것이 2차방정식의 근의 공식이다.

다음에, 3차방정식

$$ax^3 + bx^2 + cx + d = 0 \quad (a \neq 0)$$

을 생각해 본다. 우선, 양변을 $a(\neq 0)$로 나누어 주어진 3차방정식을

$$x^3 + px^2 + qx + r = 0$$

의 모양으로 고칠 수 있다.

여기에서,

$$x = y - \frac{p}{3}$$

로 놓으면, 이 3차방정식은

$$\left(y - \frac{p}{3}\right)^3 + p\left(y - \frac{p}{3}\right)^2 + q\left(y - \frac{p}{3}\right) + r = 0$$

이 된다. 이것을 계산하면, y^2의 계수는

$$-3\left(\frac{p}{3}\right) + p = 0$$

이므로 주어진 3차방정식은, y^2항이 없는

$$y^3 + qr + r = 0$$

의 모양으로 변형된다. 때문에, 처음부터 주어진 3차방정식은

$$x^3 + mx = n$$

의 모양이라고 가정하여도 일반성을 잃지 않는다.

자, 여기에서

$$x = u + v$$

라 두고, 이것을 위의 3차방정식에 대입해 보면

$$(u+v)^3 + m(u+v) = n$$
$$u^3 + 3uv(u+v) + v^3 + m(u+v) = n$$

따라서,

$$u^3 + v^3 + (3uv + m)(u+v) = n$$

이 된다. 거기에서,

$$u^3 + v^3 = n$$

이 되도록 u, v를 잘 선택하면,

$$3uv + m = 0$$

즉,

$$u^3 v^3 = -\frac{m^3}{27}$$

이 얻어진다. 따라서, u^3과 v^3은 2차방정식

$$t^2 - nt - \frac{m^3}{27} = 0$$

의 해여야만 한다. 따라서,

$$u^3 = \frac{n + \sqrt{n^2 + \frac{4}{27}m^3}}{2}, \quad v^3 = \frac{n - \sqrt{n^2 + \frac{4}{27}m^3}}{2}$$

즉,

$$u = \sqrt[3]{\frac{n + \sqrt{n^2 + \frac{4}{27}m^3}}{2}}, \quad v = \sqrt[3]{\frac{n - \sqrt{n^2 + \frac{4}{27}m^3}}{2}}$$

이므로

$$x = \sqrt[3]{\frac{n + \sqrt{n^2 + \frac{4}{27}m^3}}{2}} + \sqrt[3]{\frac{n - \sqrt{n^2 + \frac{4}{27}m^3}}{2}}$$

이다. 이것이 3차방정식

$$x^3 + mx = n$$

의 근의 공식이다.

다음, 4차방정식

$$ax^4 + bx^3 + cx^2 + dx + e = 0 \quad (a \neq 0)$$

을 생각해 보자. 이것은 양변을 $a(\neq 0)$로 나누어

$$x^4 + bx^3 + cx^2 + dx + e = 0$$

의 모양으로 고칠 수 있다. 여기에서

$$x = y - \frac{1}{4}b$$

라 두면, 방정식을

$$y^4 + py^2 + qy + r = 0$$

의 모양으로 고칠 수가 있다. 따라서, 처음부터 주어진 4차방정식은

$$x^4 + px^2 + qx + r = 0$$

이라고 가정하여도 일반성을 잃지 않는다.

자, 주어진 4차방정식을 변형하여

$$x^4 = -px^2 - qx - r$$

이라 하고, 양변에

$$2tx^2 + t^2$$

을 더하면,

$$x^4 + 2tx^2 + t^2 = (2t - p)x^2 - qx + t^2 - r$$

즉,

(∗) $(x+t)^2 = (2t-p)x^2 - qx + t^2 - r$

이 된다.

여기에서, 우변이 완전제곱이 되도록 t의 값을 정해 본다. 그러기 위해서는, 이 x의 2차식의 판별식이 0이 되면 된다. 즉, t를

$q^2 - 4(2t-p)(t^2-r) = 0$

$8t^3 - 4pt^2 - 8rt - q^2 + 4pr = 0$

을 만족하도록 잡으면 된다. 그런데 이 식은 t에 관한 3차방정식이므로, 그의 근의 공식을 써서 이것을 풀 수가 있다. 그러한 t를 사용하면 (∗)는

$(x^2+t)^2 = (hx+k)^2$

로 고쳐 쓸 수 있기 때문에, 여기로부터

$x^2 + t = hx + k$ 또는 $x^2 + t = -hx - k$

가 되므로 이들 2차방정식을 풀면, 최초의 4차방정식을 푼 것과 마찬가지이다.

이상의 줄거리를 반복해 보면, 우리들은 도중에 보조의 3차방정식을 풀었다. 그러나, 여기에는 근의 공식이 있었다. 또, 도중에서 보조의 2차방정식을 풀었다. 그러나, 여기에도 근의 공식이 있었다. 따라서 4차방정식의 해에 대해서도 약간 귀찮기는 하지만 근의 공식을 만들 수가 있다.

그런데 이상의 해법을 반복해 보면, 1차, 2차, 3차, 4차의 방정식의 근의 공식은 모두, 그의 계수에 대하여 가감승제와 제곱근의 형태로 나타내어진다는 것을 알 수 있다. 이처럼, 계수에 가감승제와 제곱근을 베풀어

방정식을 푸는 것을 '방정식을 대수적으로 푼다'고 한다.

따라서, 이상의 1차, 2차, 3차, 4차의 방정식은 모두 대수적(代數的)으로 풀 수 있다는 것을 나타내고 있다.

이상은 16세기까지의 연구인데, 그 이후의 수학자들은 그렇다면 5차 방정식을 대수적 방법으로 풀 수 있을까 하는 문제의 해명에 전력투구를 하였다.

그러나, 이 문제의 해결은 19세기까지 미루어져 오다가 노르웨이의 천재적 수학자 아벨(1802~1829)이 1826년, 일반의 5차 및 5차 이상의 방정식을 대수적으로 푸는 방법은 존재하지 않는다는 것을 증명했다.

5차 이상의 방정식에는 근의 공식이 존재하지 않는다는 것은 이런 의미이다.

질문

미분방정식에는 왜 일반해와 특이해가 있는 것일까?

회답

1계의 미분방정식

$$\frac{dy}{dx} = f(x, y)$$

를 푼다는 것은 평면상의 각 점 (x, y)에

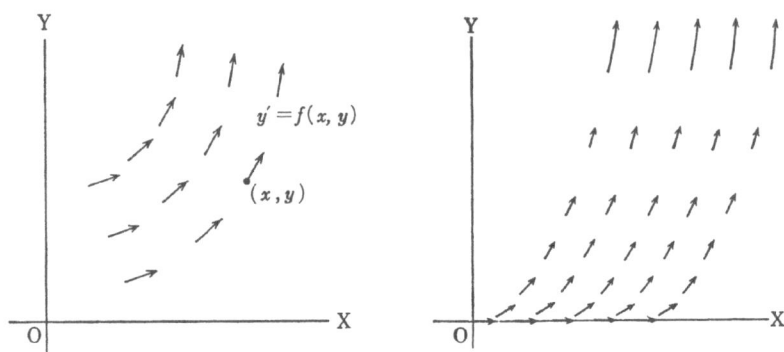

1계의 미분방정식이 의미하는 것은……

$$y' = f(x, y)$$

로 정해지는 하나의 방향을 준다는 것을 의미한다. 예를 들면 위의 그림과 같다.

그래서, 이 미분방정식을 푼다는 것은 이 평면상에 적당한 곡선군을 찾아내어 각각의 곡선에의 접선이 $y' = f(x, y)$로 주어지는 방향을 갖고 있 도록 하는 것이다. 예로, 미분방정식

$$\frac{dy}{dx} = 2\sqrt{y}$$

를 풀어라 하는 문제를 생각해 보자. 이 미분방정식에 대하여 각 점 (x, y) 에 연결시킨 방향을 나타내면 다음의 그림과 같게 된다.

주어진 미분방정식을 풀기 위하여, $y \neq 0$으로 하여 이것을

$$\frac{dy}{2\sqrt{y}} = dx$$

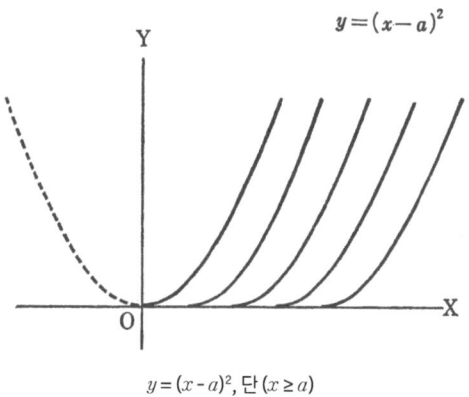

$y = (x-a)^2$, 단 $(x \geq a)$

로 변형시킨다. 그래서 적분하면,

$\sqrt{y} = x - a \quad (x - a \geq 0)$

를 얻는다. 여기에서 a는 하나의 임의의 상수이다. 이것에서부터

$y = (x-a)^2 \quad (x \geq a)$

을 얻는데, 이것이 소위 말하는 일반해이다. 이것은 포물선

$y = x^2$

의 y축의 오른쪽에 있는 부분

$y = x^2 \quad (x \geq 0)$

을 x축에 평행하게 이동하여 얻어지는 곡선군이다. 그런데, 처음에 $y \neq 0$ 이라 했으므로, 이제,

$y = 0$

을 생각해 본다.

이것을 최초로 주어진 미분방정식에 대입해 보면 분명히 만족시키기

때문에 이것도 하나의 해이다.

그러나, 이것은 x축을 나타내고 앞의 일반해에는 속하지 않는다. 이 x축은 $y=(x-a)^2$ $(x \geq a)$이라 하는 곡선군의 포락선(包絡線)이 되어 있다.

이처럼, 일반해가 나타내는 곡선군이 하나의 포락선을 갖고 있으면, 그 포락선을 나타내는 식도 하나의 해가 된다. 이것이 특이해(特異解)이다.

질문

아름답고도 마술적인 오일러의 공식

$e^{ix} = \cos x + i \sin x$

는 어떻게 해서 태어난 것일까?

회답

우리들은 독립변수도 종속변수도 실수인 함수의 미분적분에서 함수의 무한급수 전개라 하는 것을 배운다.

여기에 의하면,

$$e^x = 1 + \frac{x}{1!} + \frac{x^2}{2!} + \frac{x^3}{3!} + \cdots\cdots$$

$$\cos x = 1 - \frac{x^2}{2!} + \frac{x^4}{4!} - \cdots\cdots$$

$$\sin x = x - \frac{x^3}{3!} + \frac{x^5}{5!} - \cdots\cdots$$

이다.

이들 공식은 x가 실수인 경우에 성립하는 공식이지만, 첫 번째 공식에서 x 대신에 ix를 대입해 보면

$$e^{ix} = 1 + \frac{ix}{1!} + \frac{(ix)^2}{2!} + \frac{(ix)^3}{3!} + \cdots\cdots$$

이 된다. 여기에서,

$$i^2 = -1, \quad i^3 = -i, \quad i^4 = 1, \cdots\cdots$$

등에 주의하면,

$$e^{ix} = \left(1 - \frac{x^2}{2!} + \frac{x^4}{4!} + \cdots\cdots\right) + i\left(x - \frac{x^3}{3!} + \frac{x^5}{5!} + \cdots\cdots\right)$$

이 되기 때문에,

$$e^{ix} = \cos x + i \sin x$$

라고 정의하며, e^{ix}에 의미를 부여할 수 있다는 것이 오일러 공식의 의미이다.

질문

마르코프 과정(Markov Process)이란 어떤 것일까?

회답

우리들은 어떤 실험을 반복했을 때, 그 실험의 계열을 과정이라고 부

른다. 그리고 여기에는 몇 개의 상황

$$s_1, s_2, s_3, \cdots\cdots, s_n$$

이 있고, 생각하고 있는 과정은 주어진 순간에는 이들 상태 중 하나, 그리고 단 하나에 있다고 한다. 그래서 이 과정이 상태 s_i에서 상태 s_j로 옮아갈 확률 p_{ij}는 상태 s_i와 s_j로 결정되고, 다음 표로 주어진다고 한다. 또 상태 s_i에서 상태 s_j로 옮아갈 확률은 어느 단계에서도 같다고 한다. 이런 종류의 과정을 마르코프 과정이라고 부른다.

	s_1	s_2	s_3	……	s_n
s_1	p_{11}	p_{12}	p_{13}	……	p_{1n}
s_2	p_{21}	p_{22}	p_{23}	……	p_{2n}
⋮	⋮	⋮	⋮		⋮
s_n	p_{n1}	p_{n2}	p_{n3}	……	p_{nn}

만일 상태 s_1과 s_2 밖에 없으면, 이 표는

	s_1	s_2
s_1	p_{11}	p_{12}
s_2	p_{21}	p_{22}

로 간단히 된다. 이 표는 상태 s_1, s_2에서 상태 s_1, s_2로 1단계로 옮아가는 확률표이지만, 상태 s_1, s_2에서 상태 s_1, s_2에로 2단계로 옮아가는 확률표는 어떻게 될까를 조사해 본다.

우선, 상태 s_1에서 상태 s_1, s_2로 2단계로 옮아가는 모양은 다음 그림으로 주어진다.

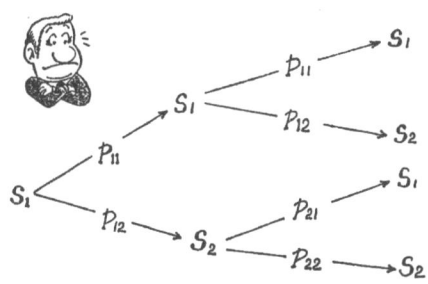

상태 s_1에서 상태 s_1, s_2에 2단계로 옮아간다.

여기에서 화살표의 중간에 있는 것은 그것이 일어날 확률이다. 여기에서 알 수 있는 바와 같이

　s_1에서 s_1을 거쳐 s_1으로 옮아가는 확률은, $p_{11} \cdot p_{11}$

　s_1에서 s_2를 거쳐 s_1으로 옮아가는 확률은, $p_{12} \cdot p_{21}$

이다. 따라서, s_1에서 s_1에 2단계로 옮아가는 확률은

　$p_{11} \cdot p_{11} + p_{12} \cdot p_{21}$

이다. 또,

　s_1에서 s_1을 거쳐 s_2로 옮아가는 확률은, $p_{11} \cdot p_{12}$

　s_1에서 s_2를 거쳐 s_2로 옮아가는 확률은, $p_{12} \cdot p_{22}$

이다. 따라서, s_1에서 s_2에 2단계로 옮아가는 확률은

　$p_{11} \cdot p_{12} + p_{12} \cdot p_{22}$

이다. 다음에, 상태 s_2에서 상태 s_1, s_2에 2단계로 옮아가는 모양은 다음 그

림과 같다.

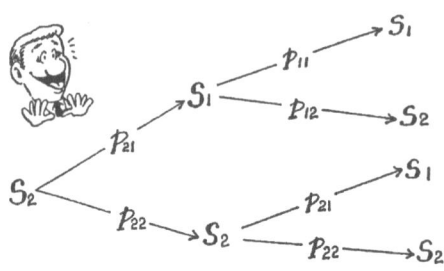

상태 s_2에서 상태 s_1, s_2에 2단계로 옮아간다.

이것으로부터 알 수 있는 바와 같이,

s_2에서 s_1을 거쳐 s_1에 옮아가는 확률은, $p_{21} \cdot p_{11}$

s_2에서 s_2를 거쳐 s_1에 옮아가는 확률은, $p_{22} \cdot p_{21}$

이다. 따라서, s_2에서 s_1에 2단계로 옮아가는 확률은

$p_{21} \cdot p_{11} + p_{22} \cdot p_{21}$

이다. 또,

s_2에서 s_1을 거쳐 s_2에 옮아가는 확률은, $p_{21} \cdot p_{12}$

s_2에서 s_2를 거쳐 s_2에 옮아가는 확률은, $p_{22} \cdot p_{22}$

이다. 따라서, s_2에서 s_2에 2단계로 옮아가는 확률은

$p_{21} \cdot p_{12} + p_{22} \cdot p_{22}$

이다.

이상의 사실에 의하여, 우리들은, 상태 s_1, s_2에서 상태 s_1, s_2에 2단계로 옮아가는 확률표로서 다음의 표를 얻는다.

	s_1	s_2
s_1	$p_{11} \cdot p_{11} + p_{12} \cdot p_{21}$	$p_{11} \cdot p_{12} + p_{12} \cdot p_{22}$
s_2	$p_{21} \cdot p_{11} + p_{22} \cdot p_{21}$	$p_{21} \cdot p_{12} + p_{22} \cdot p_{22}$

그런데 이 표는 최초의 표를 행렬로 생각하고 그것을 제곱했을 때의 행렬

$$\begin{pmatrix} p_{11} & p_{12} \\ p_{21} & p_{22} \end{pmatrix} \cdot \begin{pmatrix} p_{11} & p_{12} \\ p_{21} & p_{22} \end{pmatrix} = \begin{pmatrix} p_{11} \cdot p_{11} + p_{12} \cdot p_{21} & p_{11} \cdot p_{12} + p_{12} \cdot p_{22} \\ p_{21} \cdot p_{11} + p_{22} \cdot p_{21} & p_{21} \cdot p_{12} + p_{22} \cdot p_{22} \end{pmatrix}$$

을 준다. 똑같이, 상태 s_1, s_2에서 상태 s_1, s_2에 3단계로 옮아갈 때의 행렬은

$$\begin{pmatrix} p_{11} & p_{12} \\ p_{21} & p_{22} \end{pmatrix}^3$$

이고, 4단계로 옮아갈 때의 행렬도

$$\begin{pmatrix} p_{11} & p_{12} \\ p_{21} & p_{22} \end{pmatrix}^4$$

으로 주어진다. ……

마르코프 과정의 이론에서는 이렇게 행렬을 사용하여 의론(議論)을 진행해 가는데, 마르코프 과정의 이론으로부터 얻어지는 한 결과를 소개해 보자.

[문제] 어떤 시에 있어서, 매년 시내의 사람 중 2%의 사람은 교외로 이주하고, 교외에 거주하는 사람의 3%는 시내로 이주한다고 한다. 지금 시내의 인구와 교외의 인구를 합친 것이 일정하다고 하면 장기적으로 시

내의 인구와 교외의 인구의 비율은 어떻게 될까?

이 문제를 마르코프 과정의 이론을 써서 풀면, 오랜 뒤에는 시내의 인구와 교외의 인구의 비는

0.6과 0.4

라는 답이 나온다. 사실

0.6의 2%는 $0.6 \times 0.02 = 0.012$,

0.4의 3%는 $0.4 \times 0.03 = 0.012$

로 서로 같고, 이 경우 시내, 교외의 인구는 어느새 일정하게 되어 있게 된다.

질문

1차원, 2차원, 3차원 등 수학에서 말하는 차원이란 어떤 의미를 갖고 있는 것일까? 또, 물리학에서 말하는 4차원의 세계란 어떤 세계일까?

회답

직선상에서는, 그 직선상에 길이를 재기 시작하는 점 O, 즉 원점 O를 정하고, 이 직선에 방향을 주어 길이를 재는 단위를 정해 두면, 이 직선상의 임의의 점 P의 위치는 원점 O에서 점 P까지의 거리를 나타낼 때, OP가 직선의 방향과 같으면 플러스(+)의 부호를 붙이고, OP가 직선의 방향과 반대이면 마이너스(-)의 부호를 붙인 실수 x로 나타내진다.

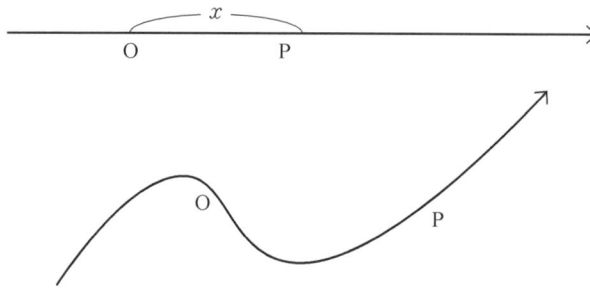

또한 같은 사실을, 곡선상의 점 P의 위치에 대해서도 말할 수 있다.

이처럼, 그 가운데의 점 P의 위치가 단 하나의 실수로 나타내지는 공간을 1차원의 공간이라고 부른다.

따라서 직선도, 곡선도 1차원의 공간이다.

또, 평면상에서는 이 평면상의 점 O에서 직교하는 두 개의 직선을 긋고 각각의 직선에 방향을 주어 길이를 재는 단위를 정해 두면, 이 평면상의 임의의 점 P의 위치는, P에서 이들 직선에 내린 수선의 발을 A, B라 하고

$OA = x$, $OB = y$

라 두면 순서를 가진 두 개의 실수의 조 (x, y)로 표현된다.

또, 같은 사실을, 지구와 같은 구면상의 점의 위치에 대해서도 말할 수 있다. 예를 들면, 동경 u와 북위 v라 하는 순서를 가진 실수의 한 조 (u, v)로 구면상의 위치를 나타낼 수가 있다.

이처럼, 점 P의 위치가 순서를 가진 두 개의 실수의 조로써 표현되는 공간을 2차원의 공간이라 부른다. 따라서 평면도, 구면도, 일반곡면도 2차원의 공간이다.

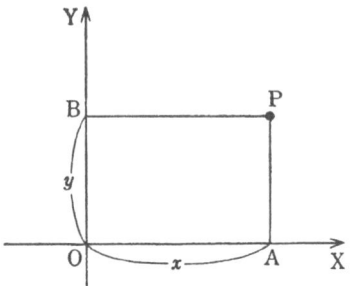

평면상의 점의 위치는 두 개의 실수의 조로 나타내진다.

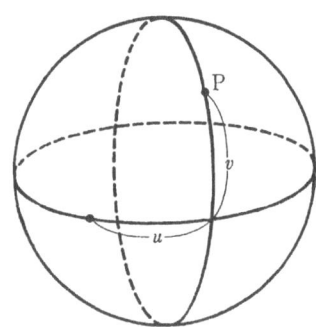

구면은 2차원의 세계

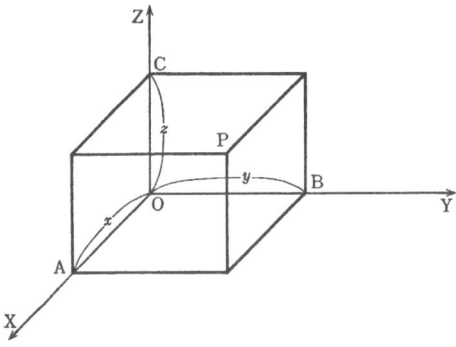

3차원의 세계

또, 우리가 살고 있는 공간에서는 점 O에서 만나는 3개의 직선 OX, OY, OZ를 긋고, 그 각각의 직선에 방향을 주어 길이를 재는 단위를 정해 두면 공간 내의 임의의 한 점 P의 위치는, P를 지나 평면 OYZ, OZX, OXY에 평행하게 그은 평면이 각각 OX, OY, OZ와 만나는 점을 A, B, C라 하고

$OA = x$, $OB = y$, $OC = z$

라 두면, 순서를 가진 3개의 실수 조 (x, y, z)로 표현된다. 이와 같이 그 가운데에 점 P의 위치가 순서를 가진 3개의 실수 조로 나타내지는 공간을 3차원의 공간이라 부른다. 따라서, 우리가 살고 있는 공간은 기하학적으로는 3차원의 공간이다.

더욱이, 물리학에서는 공간의 점의 상태는 그 점이 존재하는 위치 (x, y, z)와 시각 t로 표시된다. 따라서, 물리학에서는 (x, y, z)와 t를 조로 하는 (x, y, z, t)를 생각하는 일이 있다.

이러한 물리학적 상태는 순서가 붙은 4개의 실수의 조 (x, y, z, t)로 나타내어지기 때문에 이것은 4차원 공간 속의 점이라고 간주할 수 있다. 이런 의미로, 이것은 4차원의 세계라고 할 수 있다.

> **질문**
>
> 상대론에서 사용되는 리만 기하학이란 어떤 기하학인가?

> 회답

상대론에는 특수 상대론과 일반 상대론이 있는데, 특수 상대론 쪽부터 설명을 해보자.

아인슈타인(1879~1955)은 우선 다음 두 가지의 원리로부터 출발하였다.

[특수 상대성 원리] 모든 물리법칙은 서로 등속병진운동(等速並進運動)을 하는 모든 관성계(慣性系)에 대하여 같은 형식으로 주어진다.

[광속 불변의 원리] 관성계에 대한 진공 가운데에 빛의 속도는 광원과 관측자의 상대 운동의 여하에 관계없이 모든 방향으로 모든 관측자에 대해 같은 값 c를 갖고 있다.

지금, 두 개의 관성계 K′과 K를 생각하고 같은 점 P의 K′에 관한 좌표를 (x', y', z'), 시간을 t', K에 관한 좌표를 (x, y, z), 시간을 t로 나타내기로 한다.

이야기를 간단히 하기 위하여, 관성계 K′과 K는 $t' = t = 0$의 시각에서는 일치하고 있고, 관성계 K′은 그의 축을 항상 K의 x축과 평행하게 하면서 관성계 K의 x축 위를 양의 방향으로 일정한 속도 v로 이동하고 있다고 한다. 아인슈타인은 특수 상대성 원리와 광속 불변의 원리로부터 당연한 결과로서

(x', y', z', t')와 (x, y, z, t)

사이에는

$$x' = \frac{x - vt}{\sqrt{1-\frac{v^2}{c^2}}}, \quad y' = y, \quad z' = z, \quad t' = \frac{-\frac{v}{c^2}x + t}{\sqrt{1-\frac{v^2}{c^2}}}$$

라는 관계가 성립하지 않으면 안 된다는 사실을 발견하였다.

(x, y, z, t)와 (x', y', z', t')사이의 이 변환은 로렌츠(1853~1928) 변환이라고 불린다.

아인슈타인은 이 로렌츠 변환식으로부터 출발하여 그의 특수 상대성 이론에 있어서 여러 종류의 결론을 내었다. 자, 위의 로렌츠 변환은 쉽게 확인할 수 있는 바와 같이

$$x'^2 + y'^2 + z'^2 - c^2 t'^2 = x^2 + y^2 + z^2 - c^2 t^2$$

을 만족하고 있다.

이것은 평면상에서, 직교축 O-XY를 원점의 둘레에 회전하여 직교축 O-X′Y′을 얻었다면, 같은 점의 O-XY에 관한 좌표를 (x, y), O-X′Y′에 관한 좌표를 (x', y')라면

$$x'^2 + y'^2 = x^2 + y^2$$

이라는 사정과 많이 닮아있다.

한편, 민코스키(1864~1909)는 위의 로렌츠 변환을 원점과 1점 사이의 거리의 제곱을

$$x^2 + y^2 + z^2 - c^2 t^2$$

으로 주어지는 4차원 공간 안의 원점 둘레의 좌표축의 회전으로 간주하고

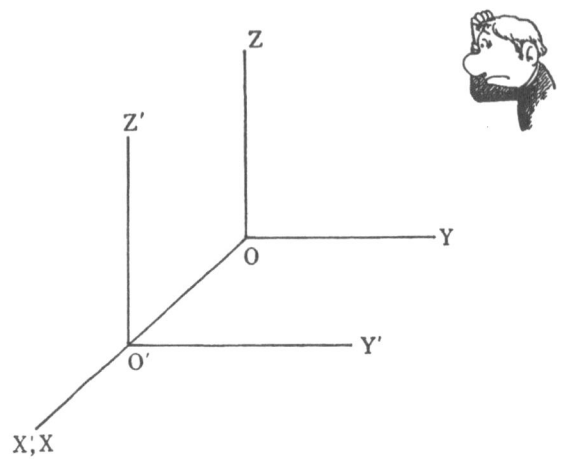

두 개의 관성계 K'과 K

    이러한 4차원 공간의 기하학을 전개하여 그 기하학이 아인슈타인의 특수 상대성 이론과 일치한다는 것을 발견하였다. 즉, 아인슈타인의 특수 상대성 이론이라는 물리학은 민코스키에 의하여 기하학화 된 것이다. 아인슈타인은 이상의 특수 상대성 이론을 확장하여 일반 상대성 이론을 만들었는데, 그 이전에 미분기하학, 그리고 리만 기하학을 설명하지 않으면 안 된다.

    17세기에 들어와, 데카르트와 페르마(1601~1665)에 의하여 해석기하학이 창시되고, 뉴턴과 라이프니츠에 의하여 미분적분학이 발견되었다. 거기에 수반하여, 해석기하학과 미분적분학의 방법을 써서 일반 곡선과 곡면의 성질을 조사하기 시작하였다. 이것이 미분기하학이라고 불리는 것이다.

특히, 가우스(1777~1855)는 곡면의 성질을 열심히 연구하였다. 그래서 곡면의 성질 가운데, 곡면상의 곡선의 길이를 변화시키지 않는 변형에 의하여 유지되는 성질에 착안하여 연구를 수행해 나가는 기하학을 시작하였다. 이런 종류의 기하학을 곡면상의 기하학이라 부른다.

보통의 기하학은 평면, 즉 2차원의 곡률이 없는 공간의 기하학이지만, 가우스가 시작한 것은 곡면, 즉, 2차원의 곡률을 가진 공간의 기하학이었다.

2차원의 곡률을 가진 공간의 기하학은 가우스의 제자인 리만에 의하여 일반 n차원의 곡률을 가진 공간의 기하학에도 확장되었다. 이것이 오늘날 리만 기하학이라 불리는 것이다. 이 리만 기하학을 연구하기 위한 수학적 무기인 절대 미분학은 리치(1853~1925)와 레비치비타(1873~1941)에 의하여 개발되었다.

아인슈타인은 그의 특수 상대성 이론을 확장하여 소위 일반 상대성 이론을 건설하기 위하여 다음 원리로부터 출발하였다.

[일반 상대성 원리] 물리법칙은 모든 가능한 좌표계에 대하여 동일한 형식으로 나타내진다.

[등가원리] 좌표계의 운동에 의하여 생기는 관성력과 중력은 물리적으로 동등하다.

[국소 좌표계와 중력의 존재] 시공(time space) 가운데 하나의 작은 부분에 있어서는 중력을 전부 지워서 없애는 좌표계가 존재하고 그 좌표계에 관해서는 특수 상대성 이론이 성립된다. 그러나, 시공 전체에서 중력

수학자 군상

의 영향이 없어져 버리는 좌표계를 선택할 수는 없다. 즉, 중력장은 본질적으로 존재한다.

아인슈타인은 이들 원리로부터 출발하여, 물리학의 이론을 만들어 세우는 데는 시공을 하나의 리만 공간으로 보고, 그것을 연구하는 데에는 소위 절대 미분학이 가장 적합하다는 것을 발견하였다.